"十三五"国家重点图书出版规划项目

中国特色畜禽遗传资源保护与利用丛书

夏 南 牛

祁兴磊　　王怀军　　主编

中国农业出版社

北　京

图书在版编目（CIP）数据

夏南牛 / 祁兴磊，王怀军主编 . —北京：中国农业出版社，2020.1
（中国特色畜禽遗传资源保护与利用丛书）
国家出版基金项目
ISBN 978-7-109-26742-8

Ⅰ . ①夏… Ⅱ . ①祁… ②王… Ⅲ . ①牛－饲养管理 Ⅳ . ①S823

中国版本图书馆 CIP 数据核字（2020）第 053935 号

内容提要：本书基于夏南牛培育实践、生产管理经验和专家、学者近 10 年夏南牛研究与应用的成果编写而成，重点从夏南牛的形成过程、特征特性、品种保护措施、选育与繁殖、常用饲料、饲料营养与饲养管理、保健与疾病防控、牛场建设与环境控制以及产品开发与品牌建设等方面进行了介绍。

中国农业出版社出版
地址：北京市朝阳区麦子店街 18 号楼
邮编：100125
责任编辑：王森鹤
版式设计：杨 婧 责任校对：吴丽婷
印刷：北京通州皇家印刷厂
版次：2020 年 1 月第 1 版
印次：2020 年 1 月北京第 1 次印刷
发行：新华书店北京发行所
开本：720mm×960mm 1/16
印张：10
字数：173 千字
定价：70.00 元

丛书编委会

本书编写人员

主　编　祁兴磊　王怀军

副主编　茹宝瑞　王之保　屈卫东　刘　贤　林凤鹏
　　　　孙秀玉

参　编　（按姓氏笔画排序）
　　　　左瑞雨　刘思扬　祁兴山　祁兴运　孙炳燕
　　　　李军平　李志明　杨黎明　宋政改　陈华杰
　　　　孟　磊　赵连甫　郝新兴　柏中林　侯　冰
　　　　侯平坦　高　攀

审　稿　昝林森

　　我国是世界上畜禽遗传资源最为丰富的国家之一。多样化的地理生态环境、长期的自然选择和人工选育，造就了众多体型外貌各异、经济性状各具特色的畜禽遗传资源。入选《中国畜禽遗传资源志》的地方畜禽品种达 500 多个、自主培育品种达 100 多个，保护、利用好我国畜禽遗传资源是一项宏伟的事业。

　　国以农为本，农以种为先。习近平总书记高度重视种业的安全与发展问题，曾在多个场合反复强调，"要下决心把民族种业搞上去，抓紧培育具有自主知识产权的优良品种，从源头上保障国家粮食安全"。近年来，我国畜禽遗传资源保护与利用工作加快推进，成效斐然：完成了新中国成立以来第二次全国畜禽遗传资源调查；颁布实施了《中华人民共和国畜牧法》及配套规章；发布了国家级、省级畜禽遗传资源保护名录；资源保护条件能力建设不断提升，支持建设了一大批保种场、保护区和基因库；种质创制推陈出新，培育出一批生产性能优越、市场广泛认可的畜禽新品种和配套系，取得了显著的经济效益和社会效益，为畜牧业发展和农牧民脱贫增收作出了重要贡献。然而，目前我国系统、全面地介绍单一地方畜禽遗传资源的出版物极少，这与我国作为世界畜禽遗传资源大国的地位极不相称，不利于优良地方畜禽遗传资源的合理保护和科学开发利用，也不利于加快推进现代畜禽种业建设。

为普及对畜禽遗传资源保护与开发利用的技术指导，助力做大做强优势特色畜牧产业，抢占种质科技的战略制高点，在农业农村部种业管理司领导下，由全国畜牧总站策划、中国农业出版社出版了这套"中国特色畜禽遗传资源保护与利用丛书"。该丛书立足于全国畜禽遗传资源保护与利用工作的宏观布局，组织以国家畜禽遗传资源委员会专家、各地方畜禽品种保护与利用从业专家为主体的作者队伍，以每个畜禽品种作为独立分册，收集汇编了各品种在管、产、学、研、用等相关行业中积累形成的数据和资料，集中展现了畜禽遗传资源领域最新的科技知识、实践经验、技术进展与成果。该丛书覆盖面广、内容丰富、权威性高、实用性强，既可为加强畜禽遗传资源保护、促进资源开发利用、制定产业发展相关规划等提供科学依据，也可作为广大畜牧从业者、科研教学工作者的作业指导书和参考工具书，学术与实用价值兼备。

丛书编委会

2019 年 12 月

序言

　　我国是世界畜禽遗传资源大国，具有数量众多、各具特色的畜禽遗传资源。这些丰富的畜禽遗传资源是畜禽育种事业和畜牧业持续健康发展的物质基础，是国家食物安全和经济产业安全的重要保障。

　　随着经济社会的发展，人们对畜禽遗传资源认识的深入，特色畜禽遗传资源的保护与开发利用日益受到国家重视和全社会关注。切实做好畜禽遗传资源保护与利用，进一步发挥我国特色畜禽遗传资源在育种事业和畜牧业生产中的作用，还需要科学系统的技术支持。

　　"中国特色畜禽遗传资源保护与利用丛书"是一套系统总结、翔实阐述我国优良畜禽遗传资源的科技著作。丛书选取一批特性突出、研究深入、开发成效明显、对促进地方经济发展意义重大的地方畜禽品种和自主培育品种，以每个品种作为独立分册，系统全面地介绍了品种的历史渊源、特征特性、保种选育、营养需要、饲养管理、疫病防治、利用开发、品牌建设等内容，有些品种还附录了相关标准与技术规范、产业化开发模式等资料。丛书可为大专院校、科研单位和畜牧从业者提供有益学习和参考，对于进一步加强畜禽遗传资源保护，促进资源可持续利用，加快现代畜禽种业建设，助力特色畜牧业发展等都具有重要价值。

中国科学院院士
中国农业大学教授　吴常信

2019 年 12 月

夏南牛是我国培育的第一个拥有自主知识产权的肉牛品种，2007年育成于河南省泌阳县。夏南牛的育成，开创了中国肉牛育种先河，探索出了中国式肉牛开放式杂交育种经验，为我国地方牛的开发利用提供了借鉴，其研究成果获得河南省科技进步一等奖，国家科技进步二等奖。夏南牛具有耐粗饲、适应性强、生长发育速度快、肉用性能好、牛肉品质优良等特性，得到社会各界的充分肯定，尤其受肉牛科研和生产管理者的青睐。2017年年底统计，泌阳县存栏夏南牛38.43万头，主产区的总存栏量达60万头以上；除新疆、西藏、澳门、台湾外，全国其他省、自治区均有夏南牛引种记录。

夏南牛育成以后，夏南牛科研团队以泌阳县夏南牛科技开发有限公司为科研、推广平台，在国家肉牛牦牛产业技术体系的支持下，与西北农林科技大学、河南省农业科学院等8个科研院所合作，开展了数十项夏南牛生产技术的试验研究、集成与应用，先后研究总结出了多项夏南牛生产技术，制定出了《夏南牛》国家标准和《夏南牛饲养管理技术规范》地方标准。

　　为介绍夏南牛培育经验，推广夏南牛生产管理技术，服务指导夏南牛产业发展，夏南牛科研团队在收集、整理夏南牛培育经验和研究成果的基础上，编写了《夏南牛》一书。

　　本书是科研和生产实践的总结，通俗易懂，针对性和实用性强，适合从事夏南牛科研和生产管理者阅读参考。

　　由于对夏南牛的选育和饲养管理技术研究还在进行中，生产和试验数据还不够全面，加之编者水平有限，难免有不妥之处，敬请读者批评指正！

编　者

2019 年 12 月

目

录

第一章
夏南牛品种起源与形成过程

第一节　夏南牛产区分布及自然生态条件

一、产区分布

夏南牛以泌阳县为核心产区，以驻马店市各县和唐河、社旗、方城、桐柏、舞阳等县为中心产区，现已辐射分布在周口、漯河、平顶山、南阳、信阳等周边地区，推广到除新疆、西藏、澳门、台湾外的其他省、自治区。

二、产区自然生态条件

（一）地形地貌

泌阳县位于河南省驻马店市西南部，南阳盆地东隅，属浅山丘陵区。境内伏牛山与大别山两大山脉在中部南北交汇，长江与淮河两大水系东西分流，是国家级生态示范县。县域总体格局是"五山一水四分田"。

（二）气候条件

泌阳县属亚热带与暖温带过渡地带，属大陆性季风气候，四季分明，雨量充沛，光照时间长。境内年平均日照时间为 2 066.3 h，平均地面温度为 17.0℃。全年无霜期平均为 219 d，年平均气温为 14.6℃，年平均降水量为 960 mm。

（三）自然资源

泌阳县县域总面积 2 335 km²，有耕地面积 8.96 万 hm²，土壤资源丰富且

类型多样，土地肥沃，涵养丰富，既适宜种植粮食和经济作物，又适宜种植各种牧草。

泌阳县2018年粮食总产达9.81亿kg，其中玉米年产量达2.35亿kg，年产农作物秸秆17亿kg（折合干秸秆），可饲用农作物秸秆丰富。

泌阳县境内有6.67万hm²荒山牧坡，4.73万hm²林间隙地和1.13万hm²滩涂草场，年产青干草可达6亿kg，具有广阔的放牧空间；有泌阳河、汝河等河流，水库65座，总蓄水量10亿m³，水资源丰富。

泌阳县地处中原肉牛产业带腹地，是我国五大黄牛良种之一"南阳牛"的主产区，人们素有依山养畜的传统和经验。20世纪60年代初，泌阳县就被国家农业部确定为全国十大牲畜繁殖基地县之一，现在是国家肉牛优势生产区、全国秸秆养牛示范县、国家级现代农业（夏南牛）产业园、中国泌阳夏南牛特色农产品优势区。

得天独厚的自然条件和资源优势为泌阳县发展以草食牲畜为主的畜牧业奠定了基础。

第二节　夏南牛品种形成的历史过程

一、夏南牛起源与推广

（一）夏南牛起源

20世纪80年代初，泌阳县作为河南省首批黄牛人工授精推广试点县，率先建立家畜改良站，开展牛冷冻精液人工授精技术推广应用工作。1985年开始"黄改肉"试验，引进夏洛来牛等国外肉牛品种冻精改良当地南阳牛，繁育出大量的杂交牛，由此形成了一定数量的夏洛来牛与南阳牛的杂交牛群；杂交后代牛生长发育优势明显，并在部分母牛中出现了级进杂交和回交牛个体。1988年，泌阳县根据河南省畜牧局制定的《南阳牛导入夏洛来牛杂交育种实施方案》，开始夏南牛培育工作。

通过20余年持续攻关，夏南牛于2007年5月15日通过国家畜禽遗传资源委员会审定，2007年6月25日获颁夏南牛新品种证书，至此，夏南牛在河南省泌阳县诞生。

（二）夏南牛推广

夏南牛通过国家审定后，2007年11月9日，河南省畜牧局、驻马店市人民政府共同在驻马店召开"夏南牛肉牛新品种新闻发布暨推广会议"。原产地泌阳县人民政府及时成立夏南牛产业开发领导小组，下设专业办公室，印发《关于夏南牛产业开发实施意见》，制定了详细、具体的规划、任务和奖惩、扶持措施，促进了夏南牛数量快速增长和生产发展。

2017年泌阳县存栏夏南牛38.43万头，出栏牛23.56万头。唐河、社旗、方城、确山、桐柏等周边县区存栏夏南牛20万头以上。夏南牛主产区向全国提供夏南牛冷冻精液750多万剂。

二、夏南牛品种培育

（一）夏南牛培育背景

长期以来，我国黄牛品种以役用为主，南阳牛在中原地区农村的社会生产和经济发展中发挥了重要的支撑作用；随着农业机械化程度的快速提高，加之市场对肉牛经济的需求增强，南阳牛的役用功能逐渐下降，并逐渐退出役用市场，成为一种具有经济价值的商品。南阳牛经过长期的役用选择，牛的体型多呈前躯发达、后躯尖斜的"倒三角形"，且生长周期长，产肉率低，肉用性能较差。因此，选育、改良南阳牛品种，提高南阳牛的肉用性能势在必行。

1988年，河南省畜牧局组织有关专家，根据"市场需肉牛，群众要效益，地方树品种，国家促育种"的发展理念，结合全省各地的黄牛改良情况与效果，确定在泌阳县实施《南阳牛导入夏洛来牛杂交育种》项目，并制定了《南阳牛导入夏洛来牛杂交育种实施方案》，由此开始了扎实有序的夏南牛培育工作。

（二）夏南牛培育目的

夏南牛的培育旨在通过导入夏洛来牛外血，采用导入杂交、横交固定、自群繁育开放式育种方法，经过严格的选种选育，培育出一个含夏洛来牛血统37.5%、胸深而宽、肋圆、背腰宽广、后躯发达、生长发育快、产肉率高的肉牛新品种。既要改变南阳牛产肉量低、肉用性能较差、生长发育速度较慢等缺

点，同时又保留南阳牛耐粗饲、易饲养、肉质好、皮质优、遗传性稳定的优良特性。

（三）夏南牛培育历程

夏南牛培育经历了杂交创新、横交固定和自群繁育三个阶段，历时 21 年，其中 1986—1994 年为导入杂交阶段，1995 年转入横交固定、自群繁育阶段，2007 年通过品种审定。培育过程中相应开展了中间试验、育肥试验、屠宰试验等研究。

1. 杂交创新阶段　杂交创新分为导入杂交、正反回交和产生理想型三个步骤。

（1）导入杂交　选择夏洛来牛为父本，当地优秀南阳牛为母本。生产出的杂交牛（F_1）含夏洛来牛血统和南阳牛血统各 50%。据统计分析，夏×南杂交 F_1 与南阳牛相比，夏×南杂交 F_1 的 6 月龄、12 月龄、18 月龄、24 月龄公牛和母牛的体高、体斜长、胸围、后腿围四项指标与估算体重（估算体重的常数：南阳牛为 10 800，杂交牛和自群繁育牛为 11 420，下同）均有明显增加，差异极显著。

（2）正反回交　参加回交的公、母牛进行严格选择。产生的正、反回交后代牛（F_2）均含夏洛来牛血统 25%，含南阳牛血统 75%。对回交牛进行立档建卡、测量数据和统计分析。正、反回交后代公、母牛的出生、6 月龄、12 月龄、18 月龄及 24 月龄的平均体重均高于同龄、同性别南阳牛，差异均为极显著。回交牛的体高和体长发育的早熟性优于南阳牛，以正回交牛更好。

（3）产生理想型　以杂交一代牛与回交牛杂交（部分为 F_1 横交牛与 F_2 横交牛杂交），产生含夏洛来牛血统 37.5% 的理想型杂交牛（F_3）。按照不同年龄段，对理想型牛的体高、体斜长、胸围、后腿围 4 项指标进行调查、测量，结果显示：在出生、6 月龄、12 月龄、18 月龄 4 个年龄段，含夏洛来牛血统 37.5% 的公牛均优于南阳牛，差异均为极显著；18 月龄平均体重达 400 kg，比南阳牛高 146 kg，提高了 57.7%。在出生、6 月龄、12 月龄、18 月龄、24 月龄、36 月龄 6 个年龄段，含夏洛来牛血统 37.5% 的母牛均优于南阳牛，差异均为极显著；24 月龄母牛平均体重高出南阳牛 100 kg，提高了 34%。

2. 横交固定和自群繁育阶段　横交固定阶段是选择含夏洛来牛血统 37.5% 的优秀个体进行横交。以血统、外貌和体重三项指标选择优秀个体，以体重为主进行严格选择，要求肉用特征明显。公牛是从核心群母牛的后代中筛选产生；母牛由农户饲养，经鉴定、建档后，纳入基础母牛群。基础群和核心群母牛相对固定，按其后代表现优劣进行适当调整。通过选种选配，自群繁育，各代牛随代次体尺、体重均有所提高。

3. 中间试验　为检验夏南牛的遗传稳定性，在泌阳县黄山口乡、杨家集乡、春水镇进行了中间试验。对试验组和对照组的后代牛进行体型外貌调查和连续测量。从后代表现及毛色等来看，遗传性较为稳定。试验组调查 650 头，建卡测量 500 头；对照组调查 320 头，建卡测量 300 头。试验组后代牛的出生、6 月龄、12 月龄、18 月龄体重与南阳牛相比，均优于南阳牛（差异极显著），18 月龄公牛体重为 387.13 kg，比南阳牛提高了 52.5%；18 月龄母牛体重为 337.62 kg，比南阳牛提高了 35.5%。自群繁育牛与南阳牛杂交后代同南阳牛体重比较见图 1-1。

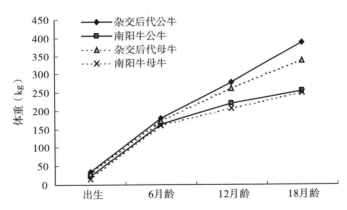

图 1-1　自群繁育牛与南阳牛杂交后代同南阳牛体重比较

4. 育肥试验　对体重相近的 30 头自群繁育牛和 30 头南阳牛进行为期 90 d 的育肥试验，结果见表 1-1。

表 1-1　育肥试验结果

类型	牛数量（头）	平均体重（kg）		平均增重（kg）	
		试验初重	试验末重	试验期增重	平均日增重
自群繁育牛	30	392.60±70.71	559.53±81.50	166.93±24.87	1.85±0.28**
南阳牛	30	376.93±42.35	496.52±54.05	122.95±22.25	1.37±0.25

注：** 表示 t 检验差异极显著。

5. 屠宰试验 对 10 头 18 月龄未经育肥的自群繁育牛公牛进行了屠宰试验。结果显示：自群繁育牛与未经育肥的南阳牛相比，屠宰率和净肉率分别提高了 7.93 个百分点和 5.24 个百分点；与一般育肥的 18 月龄南阳牛公牛相比，屠宰率和净肉率分别提高了 4.53 个百分点和 2.24 个百分点，表明自群繁育牛早熟性强，产肉性能优于南阳牛，肌肉嫩度较好，可用于生产高档牛肉。自群繁育牛产肉性能及肉品质测试结果见表 1-2。

表 1-2 自群繁育牛产肉性能及肉品质测试结果

牛数量（头）	屠宰率（%）	胴体产肉率（%）	净肉重（kg）	净肉率（%）	眼肌面积（cm²）	熟肉率（%）	pH	剪切力值（kg/cm²）	肉骨比
10	60.13±1.56	82.63±1.71	209.98±41.70	48.84±2.16	117.70	58.66±2.63	5.38±0.10	2.61±0.50	(4.81:1)±0.59

经过以上培育工作，至 2006 年已实现培育夏南牛的各项技术指标和经济指标。2007 年 1 月 8 日，"泌阳牛"（申报名称）在河南省泌阳县通过国家畜禽遗传资源委员会牛专业委员会的评审，2007 年 5 月 15 日在北京通过国家畜禽遗传资源委员会的评审，将"泌阳牛"更正为夏南牛。2007 年 6 月 29 日国家农业部发布第 878 号公告，宣告中国第一个肉牛品种——夏南牛诞生。

（四）夏南牛品种优势

1. 夏南牛与南阳牛相比的优势

（1）**体重大** 夏南牛初生重 38 kg，18 月龄公牛体重可达 550 kg 左右，成年公、母牛体重分别可达 850 kg、650 kg 以上。

（2）**生长速度快** 体重 210 kg 左右的夏南牛小公牛，日增重可达 1.2 kg 以上；体重 400 kg 左右的夏南牛架子公牛，日增重可达 2 kg 以上。

（3）**肉用性能好** 夏南牛公牛屠宰率 62.58%，净肉率 52.36%，眼肌面积 102.39 cm²，熟肉率 59.66%，肉骨比 5.60:1。

（4）**肉质好** 夏南牛优质肉切块率 35.14%，高档牛肉率 17.62%，肌肉剪切力值 3.95 kg/cm²。

（5）**养殖效益高** 一头同龄、同性别夏南牛比南阳牛产值高出 2 000 元以上。

2. 夏南牛与夏洛来牛相比的优势

（1）**适应性强** 夏南牛更适应我国各地的气候环境和条件。

（2）耐粗饲　夏南牛特别适应中国目前的低营养和粗放式管理水平。

（3）生产优质高档牛肉的能力强　夏南牛可用于生产西餐红肉和雪花牛肉。

三、夏南牛种牛群及生产群的建立

（一）夏南牛种牛群的建立

2008 年，泌阳县投资 900 万元，注册成立了"泌阳县夏南牛科技开发有限公司"，下辖夏南牛研究推广中心和夏南牛原种场，专门从事夏南牛选育、供种、技术研发与推广应用。经过 10 年发展，夏南牛原种场占地面积已扩大到 13.87 hm²，饲养纯种夏南牛公牛 70 头，母牛 800 头，具有年提供 500 头种牛、年产夏南牛冷冻精液 200 万剂的生产能力。

（二）夏南牛生产群的建立

夏南牛生产群主要集中在泌阳县羊册、郭集、官庄等 19 个乡镇，数量 15 万头以上，其中登记建卡基础母牛 10 万头，50 头以上规模的夏南牛母牛养殖场 28 个；纯种繁育区内，每年纯种繁育夏南牛 8 万头以上。泌阳县周边地区夏南牛母牛存栏约 10 万头。

第二章
夏南牛品种特征和生产性能

第一节　夏南牛体型外貌

一、外貌特征

夏南牛毛色纯正，以浅黄、米黄色居多，草白色次之。公牛头方正，额平直，成年公牛额部多数有卷毛，母牛头清秀，额平稍长；公牛角呈锥状，水平向两侧延伸，母牛角细圆，致密光滑，多向前倾；耳中等大小；鼻镜为肉色。颈部粗壮、平直，肩峰不明显。18月龄前，牛的前躯高于后躯；成年牛体格高大，结构匀称，体躯呈长方形，胸深而宽，肋圆；背腰平直，多呈双肌背；后躯肌肉丰满，尻部长、宽、平、直。四肢粗壮，管围大；蹄质坚实，蹄壳多为肉色、蜡黄色。尾细长，多数超过飞节。母牛乳房发育良好（图2-1）。

公牛

母牛

图2-1　夏南牛

夏南牛体质健壮，性情温顺，行动较慢；适应性、抗逆性强；耐粗饲，食量大，采食速度快，易肥育；耐寒，耐热性能稍差。

二、体尺与体重

(一) 体尺测量

1. 测量内容　测量体尺是了解夏南牛生产情况的主要方法,测定内容根据生产需要和育种需要而定。一般测量 6 月龄、12 月龄、18 月龄、24 月龄、36 月龄、48 月龄牛的体尺,主要测量体高、"十"字部高、体斜长、胸围、管围、后腿围、坐骨端宽等指标。后腿围、坐骨端宽在肉牛育种中非常重要。后腿围大的牛,肉用指数高,体重大,肉用性能好;坐骨端宽大小与母牛分娩关系密切,坐骨端宽大的母牛,一般不会出现难产。

(1) 体高　鬐甲最高点到地面的垂直距离。

(2) "十"字部高　腰角连线与脊椎骨的十字交叉点到地面的垂直距离。

(3) 体斜长　从肩端前缘到坐骨结节的距离。

(4) 胸围　肩胛骨后缘胸部的垂直周径。

(5) 管围　左前肢管骨上 1/3 处 (最细处) 量取的水平周径。

(6) 后腿围　右侧的后膝前缘,在尾下绕经臀间至左侧后膝前缘的半圆周径。

(7) 坐骨端宽　坐骨两外突间的直线距离

2. 测量方法　测量体尺要在平地上进行,使牛自然站立,头部自然前伸,四肢站在一条线上。测量体尺一般要两个人配合实施,体高、"十"字部高、体斜长用测杖测量,坐骨端宽用骨盆仪测量,其他指标用卷尺测量。不同年龄夏南牛公、母牛体尺见表 2-1。

表 2-1　不同年龄夏南牛公、母牛体尺测量统计结果

月龄	性别	牛数量 (头)	体高 (cm)	体斜长 (cm)	胸围 (cm)	后腿围 (cm)
6	公	112	113.09±4.82	118.13±4.52	131.07±6.37	77.79±8.25
12	公	102	124.93±4.00	136.22±5.88	152.29±6.38	86.45±8.94
18	公	57	133.63±4.44	151.10±5.74	170.49±7.79	100.37±8.84
6	母	100	112.12±5.24	116.64±6.19	129.81±6.44	75.12±8.19
12	母	100	123.45±4.35	134.65±5.85	148.82±7.46	81.44±8.44
18	母	100	130.24±3.98	144.74±5.47	162.90±7.05	94.29±7.30

（二）体重称量

1. 称量时段　主要测量牛的出生、6月龄、12月龄、18月龄、24月龄、36月龄、48月龄体重。种用牛和特殊试验用牛，根据需要确定称量时段。

2. 称量方法　初生重进行实际称重，应在犊牛出生1h内完成。其他年龄段牛的体重，一般随体尺测量进行，有条件时进行地磅实际称重。实际称重数据，以两次早晨空腹称重的平均值为准；无条件时按下列公式进行估算。

$$体重（kg）=\frac{胸围（cm）\times 体斜长（cm）}{10\ 800}$$

式中，10 800是黄牛体重估算系数。实际工作中，利用上式对夏南牛估重时，体重数值偏低，需要进行校正。我们在调查分析的基础上，发现夏南牛的膘情与体重估算值关系较大，为此我们总结出了用于校正估重与实际称重差距的夏南牛膘情系数（1.04～1.07），1.04、1.05、1.06、1.07分别是差、一般、好和上等膘情牛的膘情系数。用估算体重乘以夏南牛膘情系数得出的数据更接近成年牛实际体重。不同月龄夏南牛体重见表2-2。

表2-2　夏南牛不同月龄段体重测量统计结果

月龄	性别	牛数量（头）	体重（kg）	性别	牛数量（头）	体重（kg）
出生	公	232	38.42±9.87	母	240	37.37±9.24
6	公	142	195.12±32.63	母	225	190.04±28.89
12	公	121	292.04±44.05	母	180	275.94±35.15
18	公	110	399.51±51.22	母	150	354.88±43.57
24	公	105	508.98±72.11	母	160	389.64±58.21
36	公	58	725.98±82.21	母	100	470.62±48.33

第二节　夏南牛生物学特性

一、夏南牛生长发育特点

1. 初生重较大，生长迅速　夏南牛犊牛初生重较大，平均37.5kg，最大56kg。犊牛从出生到6月龄生长发育快，其生长发育受母牛泌乳性能和人工补饲方法影响很大。夏南牛母牛的泌乳量不高，在分娩后的前两个月内，泌乳量基本可以满足犊牛的营养需要，两个月后，随着犊牛快速增长和体重增加，母乳已不能满足犊牛的生长发育需要，必须适时、适量给犊牛补给营养丰富、容易消化的犊牛料和优质干草、青绿饲料，以弥补母乳的营养不足，确保犊牛正常生长。如果补饲晚或不补饲，可导致犊牛发育不良，甚至形成僵牛，影响犊牛的生产潜力。

2. 增重快，易育肥　夏南牛具有其父亲夏洛来牛生长发育快、育肥效果好的优良特性。测定表明，在良好的饲养管理条件下，6月龄夏南牛公犊牛体重可达220kg，母犊牛212kg，公犊牛、母犊牛日增重分别达到1～1.1kg和0.9～1kg；12月龄夏南牛公牛体重可达380kg，母牛320kg，公牛、母牛日增重分别达到1.2～1.3kg和1.1～1.2kg；18月龄夏南牛育肥公牛体重可达620kg，平均日增重1.33kg；体重400kg以上的夏南牛架子牛，在90d育肥期内，平均日增重达到1.85kg以上；30月龄夏南牛阉牛体重可达780kg以上。试验结果表明，夏南牛具有持续快速生长的特性，育肥采用直线育肥法较好。

二、夏南牛消化生理特点

1. 犊牛的消化生理特点　夏南牛初生犊牛消化器官不健全，瘤胃容积小，只有皱胃的50%；黏膜乳头软、短、小，结构也很不完善；微生物区系尚未建立，因此此阶段犊牛只能靠皱胃和小肠消化吸收母乳营养维持生长。3月龄前后，犊牛的瘤胃容积已明显增大，较出生时增加约10倍；黏膜乳头增大变硬；微生物区系已基本建立，此时已能消化质地良好的青绿饲料、优质干草。6月龄左右时，犊牛的消化器官和功能已趋于完善，已能很好地消化农作物秸秆，可以对犊牛实施断奶。

2. 牛断奶以后的消化生理特点　夏南牛断奶后，随着生长发育加快，粗饲料摄入量增加，消化器官尤其瘤胃容积逐渐增大，功能不断完善；由于反刍功能增强，瘤胃内微生物区系健全，对粗饲料的消化能力显著增强，已能完全通过放牧或饲喂粗饲料来满足生长发育。

夏南牛含南阳牛基因62.5%，继承了南阳牛耐粗饲的优良特性，特别适合中国农村粗放饲养条件和低营养日粮水平。夏南牛能充分利用当地的小麦、花生、玉米、稻谷、甘薯等农作物秸秆，玉米、小麦、糠麸、饼类、粉渣类等农副产品。育肥牛对青贮玉米秸、酒糟等有很好的消化吸收能力。夏南牛对野生杂草消化吸收率高，放牧饲养的夏南牛母牛和犊牛，不补饲、少补饲，也能正常生长、繁殖。

三、夏南牛的抗逆性和遗传稳定性

夏南牛育成后，泌阳县对夏南牛进行了快速纯种扩繁，周边的唐河县、社旗县、方城县、确山县、遂平县、桐柏县等主产区的纯种夏南牛发展迅速。2017年统计，泌阳县的夏南牛存栏量达到38万头，主产区的夏南牛存栏量在60万头以上。从泌阳县2007年以来扩繁夏南牛的生产实践和广西壮族自治区来宾市武宣县金泰丰肉牛养殖场、贵州省贵阳市修文县农牧场等养殖、纯种繁育夏南牛的结果看，夏南牛具有很强的抗逆性。

2007—2017年，黑龙江省哈尔滨市、辽宁省沈阳市法库县及山东、安徽、湖北、江西等地引入夏南牛冷冻精液杂交改良当地黄牛，从杂交后代的生长发育效果看，夏南牛与各种地方牛杂交均表现出良好的遗传稳定性。

四、夏南牛的适应性

夏南牛是农业部"十二五"期间，面向全国推广的肉牛品种，根据当地动物检疫网络出证情况、夏南牛冷冻精液销售记录等统计分析，2007—2017年，主产区已向全国推广夏南牛150万头，冷冻精液600多万剂，已推广到除新疆、西藏、海南、澳门、台湾以外的全国其他省、自治区。河南农业大学高腾云教授团队，根据夏南牛推广利用情况，应用模糊数学原理，为夏南牛具有较强适应性找到了理论依据。研究结果表明，夏南牛在我国的草原、农区、半农半牧区均能饲养；既适合散养，又适合集约化养殖，既能舍饲，又能放牧。

第三节　夏南牛生产性能

一、生长性能

夏南牛生长发育的各项指标是根据育种核心区、繁育场牛群的调查测量数据，经统计分析得出的。调查统计的方法是按性别，分出生、6月龄、12月龄、18月龄、24月龄、36月龄、48月龄7个年龄段，每个年龄段前后误差不超过5 d，夏南牛公、母牛平均初生重分别为38 kg、37 kg。中等营养条件下，6月龄公犊体重195 kg以上，母犊体重190 kg以上；12月龄公牛体重300 kg以上，母牛体重280 kg以上；18月龄公牛体重400 kg以上，母牛体重350 kg

以上。成年公牛体重 850 kg 以上，母牛体重 600 kg 以上，公牛最大体重可达 1 360 kg。

二、繁殖性能

(一) 母牛繁殖性能

为了解夏南牛母牛的繁殖性能，祁兴磊等（2006）对农户饲养的 581 头适龄母牛的繁殖情况进行了调查，其中 1.5～2 岁的牛 8 头，2～3 岁的牛 191 头，3～5 岁的牛 213 头，5 岁以上的牛 169 头，结果见表 2-3。

表 2-3 夏南牛母牛繁殖情况统计

项目	初情时间 (d)	发情周期 (d)	初配时间 (d)	妊娠期 (d)	产后初配时间 (d)	犊牛初生重 (kg)
平均值	372.3±59.6	19.6±1.2	493.2±55.8	285.9±13.6	60.3±23.3	37.7±10.4
最大值	600	24	620	301	150	52
最小值	290	17	311	279	28	25.8

经统计分析，母牛初配时间平均为 493.2 d，发情周期平均为 19.6 d，妊娠期平均为 285.9 d，繁殖成活率平均为 82%，难产率低于 5%，犊牛初生重平均为 37.7 kg。

为缩短后备母牛的饲养期，增加能繁母牛的利用年限，充分发挥母牛的繁殖潜力，缩短世代间隔，加快生产进程，可以通过加强对断奶母犊的饲养管理，培育健壮的后备青年母牛；实施诱导发情，促使青年牛提前配种、妊娠；控制配种母牛的体况，保证母牛和胎儿正常生长的营养需要；加强对母牛难产的处理及新生犊牛的护理，保证犊牛的健康生长等技术措施，提高夏南牛母牛生产效率。

2013 年 1 月至 2014 年 12 月，通过对泌阳县内 10 个肉牛人工冷冻精液配种站点的 2 219 头、9～13 月龄夏南牛青年母牛的初配体重、初配月龄、一次准胎率、犊牛初生重、母牛分娩难易度、生长发育情况等项目的统计分析，得出如下结果：夏南牛青年母牛最适宜提前配种月龄为 11 月龄，此时准胎率、犊牛的初生重、犊牛生长发育情况、母牛生长发育情况良好，难产率低。

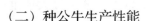
（二）种公牛生产性能

为了解和掌握夏南牛种公牛生产性能，以便更好利用优秀种公牛进行生产，2008年我们对泌阳县夏南牛科技开发有限公司选育的8头青年公牛和许昌市夏昌种牛育种公司的7头夏南牛种公牛的初次采精年龄、采精情况、精液品质和冻精质量进行了调查分析，结果见表2-4和表2-5。从分析结果看，夏南牛种公牛具有早熟性，18月龄即可投入生产，年平均制作冻精细管20 000剂以上。

表2-4　初次采精种公牛不同年龄精液质量及生产情况统计

月龄	牛数量（头）	采精次数	头均采精次数	采精量（mL）	头均采精量（mL）	原精活力	精子密度（10⁸个/mL）	冻精产量（剂）	头均产量（剂）	精子解冻活力
18	6	32	5.30	118.4	3.7	0.71	8.6	4 262	710.3	0.350
19	7	28	4.00	102.6	3.7	0.69	8.7	3 591	513.0	0.350
20	8	38	4.75	149.7	3.9	0.68	9.2	5 359	670.0	0.360
21	8	43	5.38	214.8	5.0	0.71	9.5	7 733	966.6	0.365
22	8	48	6.00	243.6	5.1	0.70	9.2	8 720	1 090.0	0.360
23	8	56	7.00	288.3	5.1	0.72	9.4	10 350	1 293.8	0.364
24	8	64	8.00	326.4	5.1	0.71	9.6	11 750	1 468.8	0.350

表2-5　夏南牛种公牛不同季节精液质量及生产情况统计结果

时间	季节	牛数量（头）	采精次数	头均采精次数	采精量（mL）	日均采精量（mL）	头均采精量（mL）	原精活力	精子密度（10⁸个/mL）	冻精产量（剂）	头均产量（剂）	精子解冻活力
2007年3—5月	春季	7	252	36	1 411.2	201.6	5.6	0.71	8.6	49 392	7 056	0.36
2008年6—8月	夏季	7	154	22	739.2	105.6	4.8	0.68	8.4	22 176	3 168	0.35
2009年9—11月	秋季	7	217	31	1 171.8	167.4	5.4	0.70	9.3	38 670	5 524	0.36
2008年12月至2009年2月	冬季	7	196	28	999.6	142.8	5.1	0.70	9.1	30 987	4 427	0.36
年均			117		617.4		5.2			20 175		

从表 2-4 可以看出，18 月龄采出合格精液的牛 6 头，占个体总数的
75%，每头牛月均有效采精（能生产出合格冻精的采精）5.3 次，每头牛月均
采精量 19.7 mL，生产冻精 710.3 剂，基本可以投入生产。

从表 2-5 可以看出，季节对夏南牛种公牛采精的精液数量和精液质量都
有影响。采精次数、采精量、原精活力、冻精产量四项指标均以春季（3—5
月）最高，夏季（6—8 月）最低。

三、育肥性能

（一）公、母牛育肥性能

2009 年，我们对 40 头体重 210 kg 左右育成牛、60 头体重 400 kg 左右架
子牛分别开展了为期 180 d 和 90 d 的育肥试验，结果见表 2-6 和表 2-7。

表 2-6 夏南牛育成牛育肥试验结果

性别	牛数量（头）	试验初平均体重（kg）	试验末平均体重（kg）	试验期平均增重（kg）	平均日增重（kg）
公牛	20	211.05±2.91	410.85±17.99	199.80±16.37	1.11±0.09
母牛	20	212.50±1.73	343.90±8.32	131.40±8.18	0.73±0.05

从以上试验结果可以看出，体重 210 kg 左右的育成公牛，180 d 育肥期内
平均日增重可达 1.11 kg。

表 2-7 夏南牛架子牛育肥试验结果

性别	牛数量（头）	试验初平均体重（kg）	试验末平均体重（kg）	试验期平均增重（kg）	平均日增重（kg）
公牛	30	392.60±70.71	559.53±81.50	166.93±24.87	1.85±0.28
母牛	30	376.93±42.35	496.52±54.05	122.95±22.25	1.37±0.25

从以上试验结果可以看出，体重 400 kg 左右的架子牛，90 d 育肥期内平均
日增重公牛 1.85 kg，母牛 1.37 kg。

（二）去势牛育肥性能

试验以生产优质西餐红肉为目的。10 头试验牛全部从夏南牛主产区泌阳

县购进，系谱清楚、出生记录准确，平均年龄 5.8 月龄；2012 年 4 月 28 日对试验公牛进行手术去势，至 2013 年 4 月 27 日屠宰，育肥期 12 个月。

试验牛饲养管理按照国家肉牛牦牛产业技术体系首席科学家曹兵海教授提供的试验方案进行。饲料原料来自本地，精饲料营养水平中等，根据育肥阶段调整日粮配方和供应量，日供应量占体重的 1.2%～1.5%；粗饲料在喂完精料的基础上，全程自由采食。管理上，采取小栏散养，2～3 头/栏，自由饮水，每月称重一次。试验结果见表 2-8。

表 2-8　夏南牛去势牛育肥试验结果

类型	牛数量（头）	试验初平均体重（kg）	试验末平均体重（kg）	试验期平均增重（kg）	平均日增重（kg）
去势牛	10	201.05±8.91	607.4±23.3	406.35±24.87	1.11±0.63

四、肉用性能

2010 年以来，泌阳县畜牧局和泌阳县夏南牛科技开发有限公司在国家肉牛牦牛产业技术体系岗位科学家的主持、参与下，分别开展了 3 次屠宰试验。通过屠宰试验，总结出与夏南牛肉用性能相关的数据。

（一）一般公牛肉用性能

夏南牛一般公牛胴体高档优质肉块称重结果、一般肉块称重结果及产肉性能测定结果见表 2-9 至表 2-11。

表 2-9　夏南牛公牛胴体高档优质肉块称重统计结果（kg）

月龄	牛柳重	上脑重	眼肉重	西冷重	嫩肩肉重	大米龙重	小米龙重	针扒重	尾龙扒重	霖肉重
6	3.83±2.04	4.37±0.25	6.26±0.56	6.08±0.45	8.29±0.99	9.05±0.47	3.12±0.38	11.29±0.98	7.77±0.83	7.50±0.43
12	5.44±0.50	12.72±1.85	10.36±0.75	9.89±0.61	10.43±1.66	13.98±0.55	5.63±0.71	18.67±0.98	11.80±0.97	12.57±0.77
18	5.68±0.32	15.43±0.80	14.58±0.80	12.78±0.53	17.04±1.08	18.41±0.71	7.70±0.30	22.43±0.76	14.62±0.44	16.49±0.68

表 2－10　夏南牛公牛胴体一般肉块称重统计结果（kg）

月龄	金钱腱重	脖肉重	板腱重	辣椒肉重	牛腱重	牛腩重	肋条肉重	板筋重	胸口肉重
6	0.81± 0.09	8.40± 0.45	2.78± 0.08	1.92± 0.14	10.33± 0.43	8.45± 1.20	8.23± 1.57	0.34± 0.09	1.83± 0.35
12	1.66± 0.42	11.91± 1.56	4.07± 0.52	3.00± 0.40	15.25± 1.74	14.00± 2.05	15.41± 1.33	0.39± 0.02	4.41± 2.15
18	1.77± 0.15	25.15± 0.86	5.47± 0.42	4.49± 0.31	19.39± 1.03	18.88± 0.84	28.76± 3.22	0.84± 0.03	5.33± 0.31

表 2－11　夏南牛公牛产肉性能测定结果

月龄	屠宰率（%）	胴体产肉率（%）	净肉重（kg）	净肉率（%）	眼肌面积（cm²）	肉骨比
6	60.19±1.60	81.07±1.87	118.03±8.57	48.04±2.14	58.47±4.53	4.34±0.53
12	60.38±1.68	83.48±0.87	202.83±16.29	49.71±1.20	83.45±7.66	5.18±0.29
18	62.58±1.03	84.70±0.85	275.14±14.22	52.36±0.99	102.39±6.82	5.60±0.37

参照《南阳牛》（GB/T 2415—2008），18 月龄夏南牛公牛与其母本南阳牛相比，屠宰率和净肉率分别提高了 6.98 个百分点和 5.76 个百分点，稍低于其父本纯种夏洛来牛 65%～67%的屠宰率，但优秀个体屠宰率达到了 64%以上。

（二）去势牛肉用性能

夏南牛去势牛胴体高档优质肉块称重结果、一般肉块称重结果及产肉性能测定结果见表 2－12 至表 2－14。

表 2－12　夏南牛去势牛胴体高档优质肉块称重统计结果（kg）

里脊重	上脑重	眼肉重	外脊重	嫩肩肉重	米龙重	小黄瓜条重	大黄瓜条重	臀肉重	霖肉重
7.50± 1.32	21.60± 2.83	19.80± 2.81	16.80± 3.52	18.70± 4.08	24.90± 5.71	7.80± 1.30	11.90± 3.76	11.30± 5.48	18.90± 5.63

表 2－13　夏南牛去势牛胴体一般肉块称重统计结果（kg）

金钱腱重	脖肉重	板腱重	辣椒肉重	牛腱重	牛腩重	肋条肉重	贝肉重	撒撒米重	碎肉重
2.40± 1.15	30.10± 5.86	5.47± 1.42	3.90± 1.31	21.39± 4.03	28.80± 6.81	25.76± 6.22	1.15± 0.21	0.85± 0.14	56.60± 7.37

表 2 - 14　夏南牛去势牛产肉性能测定结果

屠宰率 （%）	胴体产肉率 （%）	净肉重 （kg）	净肉率 （%）	眼肌面积 （cm²）	肉骨比
64.54±4.23	88.61±6.85	342.30±14.69	56.35±4.56	112.23±6.23	7.80±2.37

经测定，夏南牛去势牛屠宰率平均为 64.54%、胴体产肉率平均为 88.61%、净肉率平均为 56.35%、眼肌面积平均为 112.23cm²、肉骨比平均为 7.8。优质高档肉块出肉率达 46.54%，其中高档牛肉率 19.21%，优质肉切块率 27.33%。

第三章
夏南牛品种保护

第一节　夏南牛保种计划与目标

泌阳县全县为夏南牛保种区，禁止其他肉牛品种的引进；以县域内 100 个夏南牛母牛养殖示范村和 12 个夏南牛扩繁场为夏南牛纯种繁育和保种基地。保种区内，登记建卡的二级以上夏南牛母牛常年存栏量维持在 50 000 头以上；用于保种的夏南牛种牛主要性能指标控制按国家标准《夏南牛》（GB/T 29390—2012）执行。具体保种计划与目标如下。

（1）2017 年，以夏南牛的选育提高、纯种扩繁为主。夏南牛原种场存栏一级以上种公牛 45 头、核心群母牛 500 头，保持 8 个血统。保种区内，登记建卡的二级以上母牛的存栏量达到 50 000 头以上。

（2）2018 年，夏南牛原种场存栏一级以上种公牛 55 头、核心群母牛 600 头，保持 8 个血统；年提供种牛 300 头以上，夏南牛冷冻精液 150 万剂。保种区内，登记建卡的二级以上母牛的存栏量达到 60 000 头以上，扩大供种能力。

（3）2019 年，夏南牛原种场能采精、制精的种公牛数量达到 70 头，后备种公牛达到 15 头，种母牛达到 800 头，保持 8 个血统；年提供种牛 400 以上，夏南牛冷冻精液 200 万剂。保种区内，登记建卡的二级以上母牛的存栏量达到 80 000 头以上。

（4）2020 年，夏南牛原种场存栏一级以上种公牛 80 头、核心群母牛 1 000 头，保持 8 个血统；年提供种牛 500 头以上，夏南牛冷冻精液 200 万剂以上。保种区内，登记建卡的二级以上母牛的存栏量达到 100 000 头。

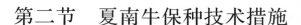

第二节　夏南牛保种技术措施

一、种公牛、种母牛的选择

1. 选择标准　按照国家标准《夏南牛》（GB/T 29390—2012）的规定，对照体尺体貌、生产性能、血统系谱、体尺体重等主要指标严格选择、评定。原种场的种用公、母牛选择要高于《夏南牛》国家标准的要求，更要注重体质外貌和肢蹄结实度。在综合评定时，种母牛应参考断奶后代等级，同时种公、母牛还应参考父母血统等级、断奶后代品质鉴定及表现的优劣，进行适当调整。

2. 选择区域　夏南牛种牛选择以泌阳县夏南牛科技开发有限公司夏南牛原种场和泌阳县 12 个夏南牛扩繁场繁殖的夏南牛后代为主；同时注重选择泌阳县其他夏南牛生产区域的优秀个体，保证血液不断更新。

3. 选择方式　种用公、母牛由夏南牛品种鉴定专家组选择确定。专家组由 3～5 名畜牧行业专家及夏南牛扩繁场技术人员组成。每年 4 月和 10 月各进行 1 次品种鉴定。特殊情况也可临时进行选种。

二、种群数量及性能指标控制

（一）种群数量控制

1. 2017 年种群数量　原种场保持 8 个血统，核心母牛存栏 500 头，一级以上种公牛 50 头；扩繁场夏南牛母牛存栏 2 000 头；保种区（夏南牛养殖示范村）基础母牛群 50 000 头。

2. 2018 年种群数量　原种场保持 8 个血统，核心母牛存栏 600 头，一级以上种公牛 65 头；扩繁场夏南牛母牛存栏 2 500 头；保种区（夏南牛养殖示范村）基础母牛群 60 000 头以上。

3. 2019 年种群数量　原种场夏南牛种牛保持 8 个血统，核心母牛存栏 800 头，一级以上种公牛 80 头；扩繁场夏南牛母牛存栏 3 000 头；保种区（夏南牛养殖示范村）基础母牛群 80 000 头以上。

4. 2020 年种群数量　原种场夏南牛种牛保持 8 个血统，核心母牛存栏 1 000 头，一级以上种公牛 80 头；扩繁场夏南牛母牛存栏 3 000 头；保种区基础母牛群 100 000 头以上。

（二）性能指标控制

1. 外貌特征要求　夏南牛被毛呈黄色，以浅黄色、米黄色为主，无杂毛。公牛头方正，额平直，成年公牛额部有卷毛；母牛头部清秀，额平稍长。有角，公牛角呈锥状，水平向两侧延伸；母牛角细圆，致密光滑，多向前倾。耳中等大小；鼻镜以肉色为主；颈粗壮、平直，肩峰不明显；结构匀称，胸深而宽、肋圆，背腰平直，肌肉丰满，尻部宽长，后躯肌肉发达，体躯呈长方形；四肢粗壮，强劲有力，蹄质坚实，蹄壳多呈肉色；尾细长。凡具有狭胸、垂腹、凹腰、尖尻、靠膝等缺陷的，不能种用。

2. 生产性能指标

（1）生长发育　中等营养条件下，6 月龄公犊体重 195 kg 以上，母犊体重 190 kg 以上；12 月龄公牛体重 300 kg 以上，母牛体重 280 kg 以上；48 月龄公牛体重 800 kg 以上，母牛体重 530 kg 以上。

（2）肉用性能

①6 月龄断奶后舍饲 180 d，青年公牛平均日增重 1 100 g 以上，母牛平均日增重 800 g 以上；体重 400 kg 的公牛，90 d 育肥期内平均日增重 1 500 g 以上。

②中等营养条件下，18 月龄公牛屠宰率 56%～62%，净肉率 46%～50%，眼肌面积 80～100 cm^2。

（3）繁殖性能

①母牛初配时间为 400 d 以内，繁殖成活率平均为 85% 以上，难产率低于 5%；犊牛初生重在 38 kg 左右。

②公牛 12 月龄性成熟，18 月龄可以采精；种公牛精液质量符合《牛冷冻精液》（GB 4143—2008）的要求。

第四章
夏南牛品种选育

第一节　夏南牛纯种选育

夏南牛纯种选育就是通过本品种内部的配种计划，选种、选育，最大限度地降低牛群的近交系数，提高牛群的生产性能。根据肉牛产业发展要求，夏南牛本品种纯种选育，主要是解决夏南牛群体的一致性不好、个体差异较大和产肉性能有待提高等问题，必须在现有夏南牛群体中进行。

一、纯种选育的必要性与原则

（一）纯种选育的必要性

夏南牛具有耐粗饲、抗逆性好、适应性强、生长发育速度快、肉用性能好、经济效益高等优良特性。但也存在三个方面的不足。

1. 夏南牛群体的一致性有待提高　目前，夏南牛大部分毛色纯正，以浅黄色、米黄色居多，但也存在一定数量的其他毛色个体。从毛色性状的遗传一致性来看，夏南牛还需要进一步进行本品种选育提高。

2. 夏南牛个体差异较大　耐粗饲是夏南牛一大优点，但在现有饲养条件下，因广大农村的地域分布不同，该品种表现出一定的个体差异。针对这种情况，继续进行夏南牛本品种选育，优中选优，消除个体差异较大的情况，是非常必要的。

3. 夏南牛产肉性能和体尺性状有待提高　夏南牛架子牛育肥期平均日增重可达 1.2 kg 以上，虽比国内地方黄牛要高很多，但与其父本夏洛来牛相比，还存在一定的差距。因此，其日增重进一步提高到 1.50 kg 左右是可能的，也是必需的。但要适应更高的日增重，需要进一步优化体尺指标，尤其是其体长、胸围、尻宽等生长发育指标，所以要进一步提高夏南牛的产肉性能，需要从体长、胸围、尻宽等体尺性状和日增重等性状上，进一步开展选育研究。

（二）纯种选育的基本原则

1. 明确夏南牛选育目标　夏南牛选育目标的拟定必须根据经济发展和市场的需求，结合当地的自然生态条件、社会经济条件，尤其是农牧业条件及该品种具有的优良特性和存在的不足，进行综合考虑。

2. 正确处理夏南牛品种内一致性和异质性的矛盾　通过选种、选配等措施，尽量使一个品种内的所有个体，在主要性状上逐渐达到统一的标准，这是本品种选育的一项重要内容。在选育时，对于品种内原有的类型差异，应尽量保存和利用；如果品种内类型差异不明显，还应该通过品系繁育使杂乱的异质性系统化和类型化。

3. 辩证地对待数量与质量的关系　夏南牛品种的质量，不仅表现在生产性能上，而且还表现在良好的种用价值上，即具有较高的品种纯度和遗传稳定性，杂交时能表现出较好的杂种优势，纯繁时后代比较整齐，不出现分离现象。选育能改变群体的基因频率和基因型频率，从而改变牛群的特征特性和生产性能，因此常把提高品种的质量作为选育的首要任务。如果夏南牛品种内没有足够的个体数量，选育效果必将受到影响，因此夏南牛品种的数量和质量之间存在着辩证关系，必须全面兼顾，才能使本品种选育取得预期的效果。为此，在夏南牛本品种选育过程中，应该做到不纯粹追求数量，在保证一定数量的基础上，以提高质量为主要目标。

二、纯种选育目标

夏南牛本品种选育，旨在进一步提高品种纯度、遗传稳定性和产肉性能，加快其种质资源创新和产业化开发，增强夏南牛核心竞争力，为全国肉牛产业持续发展提供品种支撑。夏南牛纯种选育目标如下。

（1）通过夏南牛一致性的选育，使夏南牛体型大小、毛色、外形特征更加一致。

（2）进一步提高夏南牛肉用性能，使夏南牛屠宰率提高 1～2 个百分点。

三、纯种选育技术方案

（一）夏南牛纯种选育技术路线

夏南牛的纯种选育技术路线示意见图 4-1。

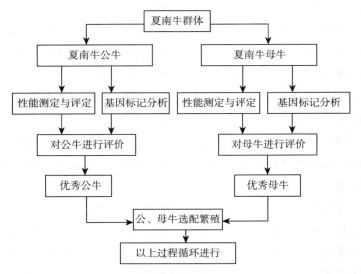

图 4-1　夏南牛纯种选育技术路线示意

（二）夏南牛纯种选育关键技术

1. 体型线性外貌评分与主要生产性能相结合的综合选种　肉牛的体型结构是肉牛生产性能的外在表征，且遗传力较高，国内外育种家都非常重视肉牛体型的选择。制定适合夏南牛体型选择的标准，要与选种目标所要求的主要生产性能指标、超声波活体测定指标相结合。制定综合选择指数（type and performance index，TPI），可以在本品种选育阶段，加快育种进程、提高遗传改进速度，以保证高的选择强度，加大选择差。

2. 开放核心群育种体系的应用　采用开放核心群育种方案（open nucleus breeding system，ONBS），建立动态育种核心群，围绕育种目标不断从基础群中吸收优良的个体，提高核心群群体水准和目标性状的遗传进展。

3. 分子育种技术和常规育种技术相结合　建立夏南牛生产性能测定技术

标准，进行肉牛遗传评估，通过分子育种技术与常规育种技术相结合，选种、选配，使肉牛群体不断扩大，质量不断提高，以带动夏南牛生产性能和产业水平的提升。

通过分子鉴定获得一批具有自主知识产权和重要应用价值的黄牛经济性状的重要功能基因和具有显著效应的实用分子标记。建立多基因标记聚合育种技术方案，并将获得的成果用于分子育种实践，构筑适合夏南牛品种分子设计的技术体系，加快夏南牛高档牛肉新品系的培育速度，初步形成规模，促进产业发展，提高肉牛养殖的社会效益和经济效益。

（三）夏南牛纯种选育具体措施

1. 做好夏南牛主产区良种登记、普查、建档工作　组织专业技术人员深入夏南牛主产区进行良种登记和普查建档工作，同时开展优秀个体的体尺测量、系谱建立等工作；在此基础上，每年至少选育优秀种公牛 20～30 头，普查、登记核心母牛群 20 000 头，组建原种母牛群 5 000 头，并分别建档立卡，录入微机管理，达到系谱清楚、遗传性能优良。

2. 加强肉用性状优秀个体的选留与培育　在现有夏南牛育种成果的基础上，利用分子育种技术和基因诊断试剂盒，通过基因标记选择对种用夏南牛开展早期测定，进行基因型分类，选留生产性状优秀的基因型种类的牛作种牛，以加快肉用性状优秀个体的选育与应用。特别是通过基因标记和常规育种技术相结合，加快优秀种公牛的选育、提高。

3. 利用快速扩繁技术，提高母牛繁殖效率　经基因标记选择进入核心群的种母牛，是夏南牛本品种纯种选育的基础，决定选育提高进程，因此要通过人工授精、超数排卵、胚胎移植、胚胎切割等快速扩繁技术，提高母牛繁殖效率，加快育种进程。

4. 提高种公牛推广利用强度　用于夏南牛选育提高进程中的种公牛，必须十分优秀。要通过多种措施，提高种公牛的采精、制精效率；利用人工授精技术，加快冷冻精液推广，提高优秀种公牛的利用强度。

5. 组建母牛核心群　将利用基因标记和常规育种技术选留的优秀母牛，组建核心牛群，育种区保持 20 000 头以上，核心育种场保持 1 000 头以上。

经过三个世代本品种同质选育，形成一个毛色一致、体型高大、生长快速、肉用性能好、饲料利用率高的夏南牛核心母牛群，为以后的选育提高和开发利用打下良好基础。

（四）种牛的选择

一个种群的优劣要看是否有良好的种畜，其中，种公牛的品质决定牛群的整体水平，母牛繁殖性能决定育种进程。因此，对种牛个体遗传能力的准确评定十分重要。

1. 选择标准

（1）外貌评分标准　公牛、母牛外貌符合品种特征，公牛外貌评分95分以上，母牛外貌评分92分以上。

（2）体重标准　中等营养条件下，6月龄公犊牛体重210 kg以上，母犊牛体重200 kg以上；12月龄公牛体重380 kg以上，母牛体重300 kg以上；18月龄公牛体重650 kg以上，母牛体重450 kg以上。

（3）自身等级　三代系谱清楚，自身综合评定一级（含一级）以上。

（4）父母等级　父母等级综合评定均在二级（含二级）以上。

2. 选择方案

（1）公牛在夏南牛核心育种场内选择。公牛保持8个血统以上，每个血统公牛5头以上，并不断更新提高；母牛保持在1 000头左右，每个血统母牛数量100头以上。

（2）母牛在夏南牛育种场、扩繁场内选择。对母牛建档立卡，划区、分片管理；选用优良种公牛计划配种，保证血统纯正，避免近亲繁殖。

3. 选育技术

（1）个体表现选择

①种公牛的选择　种公牛在核心育种场母牛的后代中选择。保证三代系谱清楚，体型发育优良，12月龄综合评定等级达到国家标准《夏南牛》（GB/T 29390—2012）一级以上。重点加强种公牛的早期选择，12月龄前，要应用分子生物学鉴定、活体背膘测定等方法，做好理想公牛的早期选育；随后利用后裔测定和传统育种方法，根据其表现和生产性能做出选择。

②种母牛的选择　种母牛主要在核心育种场和扩繁场选择。首先要求三代系谱清楚，体型发育优良，综合评定等级达到国家标准《夏南牛》（GB/T 29390—2012）一级以上；其次按照母牛的母性、泌乳量、分娩难易度等性状决定去留。留作种用的母牛，尤其特别优秀的个体可以利用超数排卵、冲胚制

胚、胚胎移植等技术，提高利用率。

（2）系谱选择　利用系谱信息估计个体育种值的方法称为系谱选择。主要是对幼龄母牛和未进行后裔测定的种公牛选择时，应首先考察其父母生产性能，再考察其祖父母及外祖父母的生产性能成绩，综合三代生产性能做出选择。有关资料表明，肉用种公牛后裔测定的成绩与其父亲后裔测定成绩的相关系数为0.43，与其外祖父后裔测定成绩的相关系数为0.24，与其母亲产奶成绩的相关系数在0.2以下。因此，根据个体种牛三代血亲生产性能，可以提前估计其育种值，做出早期选择。

（3）后裔测定　后裔测定多用于选择种公牛。具体方法是，将选出的种公牛与一定数量的母牛配种，对犊牛成绩加以测定，根据其后裔各方面表现情况，从而评价种公牛品质优劣程度。但后裔测定时，要注意以下几点：一是应随机配种，消除与配母牛效应的影响；二是控制后裔间的系统环境效应影响；三是保证一定数量，一般测定公母牛数量不低于100头。

（4）最佳线性无偏预测法　最佳线性无偏预测（BLUP）法是国内外评价种公牛育种值的常用方法。此法特点就是将所有重要的系统环境影响和遗传分组的固定效应集中考虑，通过动物模型方程组得到最准确而又可靠的个体育种值的预测值。

4. 选配　就是按照育种目标，选择优良性状能够产生互补，或叠加效应的公母牛进行配种，以期获得更加理想的后代，是加快育种进展的重要方法。其目的是充分发挥良种公牛、母牛的作用，生产更多的优秀后代，不断改进、提高牛群品质，提高夏南牛生产性能。选配的主要类型有以下几种。

（1）品质选配　主要指体型外貌、生产性能等品质改进与推广的选配。因育种阶段与生产实际中的要求不同，品质选配又分为同质选配与异质选配。

①同质选配　即选用性状表现一致、育种值一致的种公牛和种母牛配种，以期获得与双亲相一致，甚至优于双亲的优秀后代。同质选配要防止有共同缺点的公牛、母牛配种，以避免隐性不良基因的纯合和巩固。

②异质选配　是一种以表型不同为基础的选配，具体应用上可分为两类情况：一是具有不同优良性状的公牛、母牛相配，以期将两者的优良性状在后代中结合；二是选用同一性状但优劣程度不同的公牛、母牛相配，以期达到用优良性状纠正或改进不理想性状的目的。异质选配时，必须严格选种并坚持经常

性的遗传参数评估。

（2）亲缘选配　是考虑相配公牛、母牛亲缘关系远近的一种选配，是肉牛育种时采用的一种特殊方法，分为近交和远交两种。

近交即亲缘关系较近的公牛、母牛交配，反之称为远交。近交常为后代带来不同程度的不良影响。因此，近交仅在育种后期，巩固牛的遗传稳定性时才用，而且近交选配选用的公牛、母牛都是优秀的个体。

（3）等级选配　是根据公母牛等级进行选配的选配方法。

等级选配应遵循以下原则：一是任何情况下，母牛不能与低于其总评等级的公牛配种；最高等级的母牛，应与最高等级的公牛配种。二是低于最高等级以下各等级的母牛，必须与比其等级高的或同等级的公牛配种。三是等级选配必须与品质选配相结合，同时还要考虑亲缘和年龄状况。

5. 品系设计　夏南牛新品系培育以本品种为基础，根据肉牛产业发展需要、市场需求和夏南牛生产性能特点进行品系设计。可以在夏南牛群体内，选择一些具有特别优良生产性能的种牛，组建特殊的生产和育种群体，加强定向选育，培育出新品系，如无角型、体长型、高饲料报酬型、高繁殖率型、高屠宰率型等新品系。

第二节　夏南牛杂交利用

杂交利用是推广夏南牛的重要途径，人工授精是夏南牛杂交利用的主要方法。夏南牛育成以后，得到社会各界的重视与肯定，在 2007—2017 年，迅速推广利用到全国 20 多个省、自治区、直辖市。在自群繁育和杂交利用中，夏南牛均表现出较强的遗传稳定性，其良好的体型外貌、生长发育和肉用性能，均能很好地遗传给后代，成为改良地方黄牛生长发育慢、肉用性能差等缺陷的重要肉牛品种。

一、杂交利用模式

（一）夏南牛母牛与引进肉牛品种杂交，开展商品牛生产

夏南牛具有适应性强、生长发育快、产肉率高等优良特性；日本黑毛和牛和安格斯牛是世界著名的肉牛品种，其最大的特点是肌间脂肪沉积能力强，肌

肉大理石纹丰富，高档牛肉的生产能力强。夏南牛与这两种牛杂交，可以相得益彰。

为探讨适宜的夏南牛杂交模式，提高夏南牛的种用价值及养殖效益，泌阳县夏南牛科技开发有限公司在 2014 年开展了 60 头夏南牛和日本和牛的杂交试验，并对繁育出的夏和杂一代牛进行了强度育肥与屠宰测定，研究分析了夏和杂一代牛的肉用性能和牛肉品质。结果显示，夏南牛导入日本和牛基因，能显著提高夏南牛杂交后代的肉品品质，提高夏南牛优质高档牛肉生产能力，提升夏南牛的利用价值。

2016 年，江西农业大学柏俊等开展了夏和杂一代牛和纯种夏南牛的屠宰测定，分析比较了夏和杂一代牛与纯种夏南牛的牛肉品质。两种牛各 6 头，均为阉牛，经过 24 个月育肥。结果显示：①在营养成分含量方面，夏和杂一代牛的眼肌脂肪含量为 17.72%，显著高于纯种夏南牛的脂肪含量 5.49%（$P < 0.05$），水分含量为 60.84%，显著低于纯种夏南牛（$P < 0.05$），但纯种夏南牛的眼肌蛋白质含量（23.39%）显著高于夏和杂一代牛（$P < 0.05$）。②在肉质指标方面，夏和杂一代牛的眼肌剪切力显著低于纯种夏南牛（$P < 0.05$），滴水损失和蒸煮损失显著高于纯种夏南牛（$P < 0.05$），眼肌面积显著低于纯种夏南牛（$P < 0.05$），两种牛的眼肌 pH 差异不显著（$P > 0.05$）。综上所述，夏和杂一代牛的眼肌脂肪含量和嫩度显著好于纯种的夏南牛，而眼肌面积、滴水损失及蒸煮损失不如纯种夏南牛。

（二）用夏南牛公牛杂交改良地方黄牛

夏南牛属大型专用肉牛品种，在杂交利用时，要充分考虑母牛的体型、胎次，地理环境，以及只适用于体型较大的地方黄牛的特性，避免难产等不良现象发生。

夏南牛的母本是南阳牛，因此利用夏南牛改良地方牛，应避免和南阳牛回交，最好用于南阳牛以外的其他品种牛。主要用夏南牛生长发育快、肉用性能好的优良特性，改变地方黄牛生长发育慢的缺点，提高地方黄牛的生产性能和经济效益。夏南牛在河南、山东、安徽、河北、湖北等中原省份广泛推广应用；在辽宁省沈阳市法库县、贵州省贵阳市修文县、广西壮族自治区来宾市武宣县等地区利用夏南牛改良当地黄牛效果非常显著，改良牛的生长发育速度、育肥日增重、肉用性能等生产指标显著提高。

二、杂交利用技术方案

（一）夏南牛公牛杂交利用技术方案

根据母牛品种、生产目的采用不同杂交方式。可采用二元杂交或三元杂交方法。三元杂交时用夏南牛作终端父本。

1. 二元杂交技术　夏南牛公牛二元杂交技术路线见图 4-2。

图 4-2　夏南牛公牛二元杂交技术路线

注：⬭代表公牛，▭代表母牛，空白代表公牛血液含量，阴影代表母牛血液含量；图形含义同图 4-3 至图 4-5

2. 三元杂交技术

（1）地方黄牛与产奶性能较高的西门塔尔公牛配种，产生的一代杂交公牛全部育肥销售，优良母牛留作种用（图 4-3）。

图 4-3　夏南牛公牛三元杂交技术路线一

（2）优良的杂一代母牛用夏南牛公牛配种，产生的杂交公母牛全部用于商品生产（图 4-4）。

图 4-4　夏南牛公牛三元杂交技术路线二

（二）夏南牛母牛杂交利用技术方案

夏南牛母牛的杂交利用主要采用导入杂交，开展商品牛生产。重点是导入牛肉品质优良的国外肉牛品种，提升夏南牛杂交后代的肉品质量，提高优质高档牛肉的生产能力。可用日本和牛或安格斯牛公牛与夏南牛母牛配种，生产夏和杂一代或夏安杂一代商品肉牛（图4-5）。

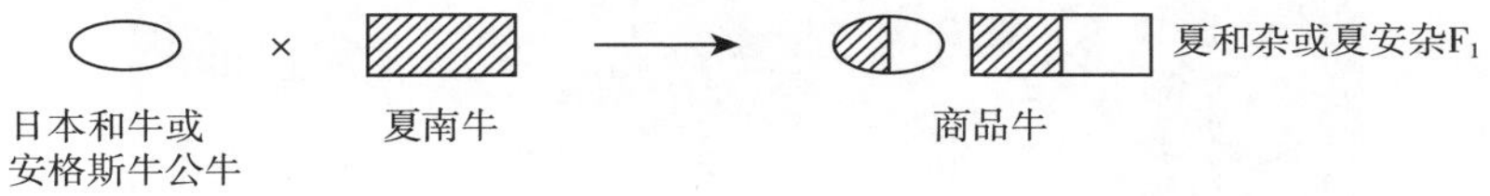

图4-5　夏南牛母牛杂交利用技术路线

第三节　夏南牛新品系培育

一、无角新品系培育

（一）培育目的与意义

牛角不仅消耗营养，降低饲料转化率，还容易对动物或饲养人员造成伤害。给幼年牛去角在现代化养牛业中已经成为一种公认的有用的管理方法。但是这种方法不仅加大了养牛场的工作量，而且会对肉牛造成一定程度的伤害，有违动物福利原则。因此，通过对牛角性状的研究，利用分子遗传学技术鉴定并培育肉牛无角新品系成为解决经济利益与动物福利原则冲突的最佳方法。

无角夏南牛是夏南牛育种过程中遗弃的基因资源，它的突出特点是体斜长比有角夏南牛大，在相同饲养管理条件下，其生长速度更快，产肉量更多，生产高档牛肉能力更强。选育夏南牛无角新品系可以充分开发、利用与保护夏南牛种质资源，进一步提高夏南牛的产肉性能，增强夏南牛在我国肉牛产业中的核心竞争力。

（二）培育目标

夏南牛无角新品系培育以无角和体斜长为主要目标（图4-6）。具体目标是：公牛、母牛自然无角，体斜长比有角夏南牛长15～20 cm、肉用性状更加优良；在夏南牛核心育种场，保持300～500头的核心母牛群；在夏南牛主产区，无角牛繁殖群体达到8 000～10 000头。

图4-6　夏南牛无角新品系母牛

（三）技术路线与措施

1. 技术路线　夏南牛无角新品系培育技术路线如图4-7所示。

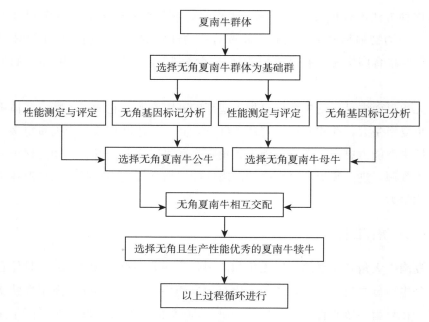

图4-7　夏南牛无角新品系培育技术路线

2. 技术措施

（1）利用黄牛无角与有角性状的遗传原理　黄牛无角与有角属于一对相对性状，由 3 个复等位基因组成。无角对有角为显性，其遗传关系见图 4-8。

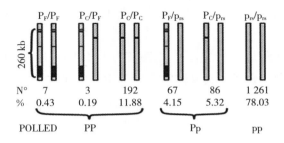

图 4-8　黄牛无角与有角基因的遗传原理

注：PPLLED 代表无角，pp 代表有角；P_F、P_C 代表无角基因型、p_{rs} 代表有角基因型；PP 代表无角纯合子基因型、Pp 代表无角杂合子基因型；P_F/P_F、P_C/P_C 和 P_C/P_F 是 3 个无角纯合子基因型；P_C/p_{rs}、P_F/p_{rs} 是 2 个无角杂合子基因型。

牛若携带 1 个或 2 个拷贝的 P_{202ID} 等位基因，就表现无角（分别是 Pp 或者 PP），因其起源于凯尔特文化区（celtic culture）无角牛，所以该无角基因被命名为 P_C。荷斯坦奶牛起源的无角牛基因命名为 P_F，它是由 5 个突变构成的单倍型（长为 260 kb）。P_C 和 P_F 是两个独立的无角基因，彼此不重组，只要有其中一个无角基因存在，牛就会表现为无角。只有野生型等位基因 p_{rs} 纯合时，牛才表现为有角。因此无角牛包括 5 种基因型，分别是纯合无角基因型（PP）：P_F/P_F、P_C/P_C 和 P_C/P_F；杂合无角基因型 P_C/p_{rs}、P_F/p_{rs}。有角（pp）基因型只有一种，即 p_{rs}/p_{rs}。由于夏南牛是由夏洛来牛为父本，与南阳牛杂交育种培育而来的肉牛新品系，因此，夏南牛不含有荷斯坦牛的无角基因 P_F，所以，夏南牛只含有无角基因 P_C，该基因由 P_{202ID} 突变位点引起，故利用 PCR 扩增方法对夏南牛 P_{202ID} 位点进行检测，就可以利用该突变位点有效鉴定夏南牛角的有无及其相应的基因型。本技术的优点是省钱、省时、工作量小。从提取 DNA 到有角牛与无角牛性状的鉴定，1 d 时间即可完成，无需测序，大大降低了鉴定成本和工作量。

（2）制定夏南牛无角新品系的培育方案　无角公牛与无角母牛交配，如果后代均为无角牛，表明公牛与母牛的无角基因型有如下情况。

①如果无角公牛与无角母牛的基因型均为 PP，这是选育无角牛的最佳方

案，只要符合夏南牛的品种特征，所有公牛与母牛全部留种，扩群繁殖。

②如果公牛基因型为PP，母牛基因型为Pp，后代均为无角牛，但有50%的牛基因型为Pp。

③如果公牛基因型为Pp，母牛基因型为PP，后代均为无角牛，但有50%的牛基因型为Pp。

无角公牛与无角母牛交配，后代75%为无角牛，25%为有角牛，表明公牛与母牛均为无角杂合子，其基因型一定为Pp，这时根据育种需要，保留或淘汰无角杂合子种公牛与母牛。

由于黄牛的世代间隔长，又是单胎动物，所以用第1种选育方案，在短时间内很难通过个体交配后代的表现鉴定究竟是种公牛还是母牛是杂合子或纯合子无角性状。

（3）开展夏南牛无角性状分子鉴定

①利用分子遗传学诊断方法可以快速鉴定公牛与母牛的基因型，然后确定种公牛和种母牛的存留和淘汰。

②对初生或断奶的个体进行耳组织或血样采集，利用酚-氯仿法提取基因组DNA。

根据表4-1的引物序列进行引物合成。

表4-1　夏南牛无角基因的PCR扩增条件

标记	引物（5′→3′）	PCR产物大小（bp）	退火温度（℃）
P_{202ID}	F：TCAAGAAGGCGGCACTATCT R：TGATAAACTGACCCTCTGCCTATA	571/369	59

③PCR反应体系为 12.5 μL，扩增条件为95℃预变性4 min；94℃变性40 s，59℃退火40 s，72℃延伸30 s，32个循环；最后72℃延伸10 min，4℃保存。采用1.0%的琼脂糖凝胶检测PCR扩增产物，在凝胶成像系统下观察并拍照。

④根据琼脂糖凝胶成像结果判断基因型，确定种公牛和种母牛的基因型（图4-9）。

无角夏南牛分为纯合无角牛与杂合无角牛。如图4-9所示，只有1条扩增带571 bp（泳道3）的为纯合无角夏南牛，其基因型为 P_c/P_c；有2条扩增带571 bp和369 bp（泳道1）的为杂合无角夏南牛，其基因型为 P_c/p_{rs}，而有

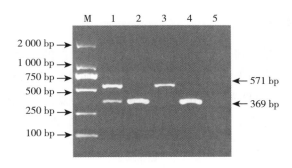

图 4-9　夏南牛无角与有角性状的基因型

注：M 为分子质量标准；1 为杂合无角牛；3 为纯合无角牛；2、4 为有角牛；5 为空白对照

角夏南牛为隐性纯合子，只有 1 条扩增带 369 bp（泳道 2 和 4），其基因型为 p_{rs}/p_{rs}。

（4）制定夏南牛无角新品系扩群方案

①将以上选育方案选出的纯合无角种公牛转入核心种公牛群，采精并制作冻精细管，超低温保存，以方便后期进行人工授精。

②以上选育方案选出的纯合无角母牛，从中选取体斜长较长、产肉性能优良的个体，并将其转入核心母牛群。

③将鉴定出的杂合无角公牛，与纯合无角母牛交配，获得的子一代纯合公牛转入核心公牛群，子一代纯合无角母牛经体斜长、产肉性能鉴定后，选取合格个体转入核心母牛群。配种后获得的杂合无角公牛可重复该步骤，杂合无角母牛根据育种需要，直接保留或淘汰。

为加快夏南牛无角品系的选育速度，进行超数排卵与胚胎移植育种。将核心母牛群中的纯合无角母牛（供体母牛）进行超数排卵处理，然后利用无角纯合种公牛或无角杂合种公牛的精液对其进行人工授精，形成较多胚胎。

④选择健康状况良好、繁殖能力强的夏南牛母牛及后代作为受体牛，做同期发情处理，确定母牛发情后，做好胚胎移植工作。

⑤将出生后的犊牛根据性别分别转入后备公牛群或后备母牛群。育成后对其体斜长及产肉性能进行鉴定，选取性能优良个体分别进入核心公牛群或核心母牛群。如此循环，在夏南牛核心育种场，经过选育，形成一个数量为 300～500 头、体斜长比有角夏南牛长 15～20 cm、肉用性状优良的夏南牛无角新品系；在夏南牛产区，无角牛繁殖群体达到 8 000～10 000 头。

（四）培育进展

夏南牛无角新品系培育始于 2008 年，初始育种群的组建，主要选择在夏南牛培育过程中淘汰的无角夏南牛优秀个体，是加拿大系夏洛来牛的后代。经过 10 年的持续选育，夏南牛无角新品系牛在泌阳县夏南牛原种场有 200 头核心母牛群，10 头种公牛；育种区建档立卡母牛 6 000 多头，进行自群繁育。

二、其他新品系培育

在本品种选育和无角新品系培育的同时，根据市场需要，在现有生产和科研的基础上，有目的、有步骤地选择生长速度快、日增重多、饲料利用率高、抗逆性强、耐粗饲能力强、肉用品质优秀的个体，采用系祖建系法或群体继代选育法，利用夏南牛特殊生产性状进行常规育种和基因标记的联合选种，开展夏南牛高产父系、高饲料报酬父系、耐粗饲母系、高泌乳抗逆母系等新品系培育。

1. 高产父系培育　以选择生长速度快、日增重多和屠宰率高为主要性状，利用分子标记和 DNA 指纹技术，通过 MAS 和标记监测，尽量保持夏南牛的肉用品质，用于杂交改良。

商品代的综合指标均高于基本要求指标。数据根据文献报道和试验而定，如公犊牛初生重达到 45 kg，母犊牛初生重达到 40 kg；在标准化饲养条件下，出生至 12 月龄日增重平均不低于 1.0 kg，12～18 月龄达到 1.4～1.85 kg，平均不低于 1.5 kg；屠宰率不低于 60%，净肉率 50% 以上。

2. 高饲料报酬父系培育　以消化力强、营养物质转化利用率高为主要选育性状，要求耐粗饲能力较强，对粗饲料占比较大的饲养条件具有较强的适应性，饲料利用率比原种夏南牛提高 10% 以上。

3. 耐粗饲母系培育　要求耐粗饲能力强，在农作物秸秆占 40%～50%、牧草占 20%～25%、精饲料仅占 20%～25% 的育肥条件下，牛的日增重达到 1.0～1.5 kg。耐粗饲母系的育种以利用我国黄牛的耐粗饲性能为主，在夏南牛群体中选育出符合要求的个体进行快速扩繁建系，形成高产、耐粗饲品系。

4. 高泌乳抗逆母系培育　以夏南牛为基础组建育种群，选择生长速度较快、泌乳能力强、产肉性能好的夏南牛母牛，通过逆渗透育种技术育成抗逆性强、泌乳性能好的杂交配套系。要求育成品系的抗寒、抗病、适应性强。

第五章
夏南牛品种繁殖

第一节　夏南牛生殖生理

一、性成熟

夏南牛公牛的性成熟是指生殖器官和生殖机能发育趋于完善，达到能够产生具有受精能力的精子，并有完全的性行为的时期；母牛的性成熟是指有完整的发情表现，可排出能受精的卵子，形成有规律的发情周期，具备繁殖能力。夏南牛公牛性成熟期在 15 月龄；母牛性成熟期则在 12 月龄，母牛初情期平均432 d 左右。

二、初配年龄

夏南牛属大型肉牛品种，性成熟的母牛虽然具有繁殖后代的能力，但母牛的机体发育并未成熟，全身各器官尚处于幼稚状态，此时尚不能参加配种，承担繁殖后代的任务。只有当母牛生长发育基本完成时，其机体具有成年牛的结构和形态，达到体成熟时才能参加配种。夏南牛母牛的初次配种适龄通常为13～18 月龄，或体重达到成年母牛的 70％（400～500 kg）。研究结果表明，发育快、体格健壮的夏南牛母牛，初配年龄可以提前到 11 月龄。

三、发情

1. 发情周期　夏南牛母牛的发情周期平均为 19.6d。
2. 发情季节　夏南牛常年、多期发情，受季节影响不大。正常情况下，夏南牛母牛一年四季均可发情、配种，但由于营养和气候因素，在冬季发情较少。

3. 发情间隔　夏南牛产后发情距分娩的时间为 33～85 d，平均为 60 d。

4. 发情鉴定　其目的是找出发情母牛，确定最适宜的配种时间，防止误配、漏配，提高受胎率。母牛发情鉴定的方法主要有外部观察法、阴道检查法和直肠检查法。

（1）外部观察法　主要根据母牛的精神状态、外阴部变化及阴户内流出的黏液性状来判断是否发情。

发情母牛站立不安，大声鸣叫，弓腰举尾，频繁排尿，相互舔嗅后躯和外阴部，食欲下降，反刍减少。发情母牛阴唇稍肿大、湿润，黏液流出量逐渐增多。发情早期黏液透明、不呈牵丝状；发情盛期母牛愿意接受其他牛的爬跨，且站立不动，是配种的最佳时期。

一般情况下，母牛夜间发情较多，接近天黑和早晨要及时、细致观察，此时发情鉴定的准确性较高。在生产中应建立配种记录和发情预报制度，对预计要发情的母牛，每天观察 2～3 次。

（2）阴道检查法　主要是应用开膣器打开母牛阴道，观察母牛生殖道黏膜充血、黏液分泌和子宫颈口开张等变化，来判断母牛是否发情。

已发情母牛的阴道黏膜充血潮红，有流动性透明黏液，子宫颈外口松弛并开张；未发情母牛的阴道黏膜苍白，较干燥，子宫颈口紧闭。

（3）直肠检查法　用手插入母牛直肠内，通过触摸母牛卵巢上卵泡的大小、质地、厚薄等情况，综合判断母牛是否发情。

直肠检查是生产实践中最常见、最有效判断母牛是否发情的方法，但需要有经验的专业技术人员实施。

四、排卵

正确估计排卵时间是保证适时受精的前提。在正常营养水平下，约 76% 的母牛在发情开始后 21～35 h，或发情结束后 10～12 h 排卵。

第二节　夏南牛配种方法

夏南牛的配种方法可分为自然交配和人工授精两种。目前，夏南牛人工授精技术的应用已十分普遍，是推广夏南牛的重要途径。人工授精不仅可以节省种公牛饲养费用，更能有效利用优秀种公牛资源。

一、母牛配种时间

发情母牛有以下几种情况之一，即可配种或人工输精：①母牛由神态不安转向安静，发情表现开始减弱。②外阴部肿胀开始消失，子宫颈口稍有收缩，黏膜由潮红变为粉红或带有紫褐色。③阴道黏液量减少，或混浊，或透明有絮状白块。④卵泡体积不再增大，皮变薄，有弹性，泡液波动明显。综合以上因素考虑，发情母牛的适宜配种时间是出现静立发情后的 12～24 h。实际工作中，如上午发现母牛接受爬跨安静不动，应于下午或傍晚配种；如下午接受爬跨，应于第 2 天清晨配种。

二、人工授精技术

1. 操作步骤　由于冷冻后的精子在母牛生殖道内存活的时间比新鲜精液短很多，因此人工授精成败的关键是输精的时间和部位。目前多采用直肠把握子宫颈输精法进行输精。输精的要点是适深、慢插、轻注、缓出及防止精液倒流。

（1）母牛准备　现一般采用直肠把握输精法，先把母牛保定在配种架内，尾巴用细绳拴好拉向一侧，然后清洗消毒母牛外阴部并擦干。

（2）冻精解冻　从液氮中取出细管冻精，投入 38～40℃温水中解冻 10 s，然后取出细管，用挤干的酒精棉球把细管擦干。

（3）冻精装入输精枪　用灭菌剪刀剪去冻精细管的封口端，输精枪推杆拉回 10 cm，将细管棉塞端插入输精枪推杆约 0.5 cm，套上外套管。

（4）精液品质检查　将输精枪内精液滴 1 滴于盖玻片上，放置显微镜下检查，精子活力在 30% 以上时才能输精。

（5）输精　人工授精员戴一次性手套，一只手涂润滑剂，五指并拢，捏成锥形，徐徐伸进母牛直肠掏出宿粪，然后向盆腔底部前后、左右探索子宫颈，纵向把子宫颈握在手中，用前臂下压会阴，使阴门开张；另一只手执输精枪插入阴门，先向斜上前方 10～15 cm 越过尿道，再转为平插直达子宫颈，这时要把子宫颈外口握在手中，两手互相配合，使输精枪插入子宫颈，并达到子宫颈部或子宫体，然后把精液推入，缓慢抽出输精枪（管），最后把手从直肠抽出，完成输精。

2. 注意事项

（1）冷天输精时，要保持温度的恒定，即要求输精管和解冻后精液同温，以免对精子造成温差刺激。

（2）个别牛努责弓腰，应拍腰缓解努责，等努责过后再插入输精管，把精液输送到子宫颈深部。

（3）输精枪插入子宫颈口后，如推进有困难，则可能是由于子宫颈黏膜皱襞的阻碍，应改变角度或稍后退，然后再插入，切忌硬插。

（4）子宫角下垂或子宫不正，连带子宫颈改变生理位置，可用手轻握子宫颈，慢慢向上提拉，使其顺应输精管的方向。

（5）输精时如发现母牛子宫或阴道有炎性分泌物，应停止输精，进行治疗。

（6）输精后如发现有精液倒流现象，应立即补输1次。

第三节　提高夏南牛母牛繁殖力的途径和技术

一、提高母牛繁殖力的途径

（一）积极治疗繁殖机能障碍

对异常发情、产后 50 d 内未见发情的母牛，及时进行生殖系统检查，对确诊患有繁殖机能障碍性疾病的母牛，及时进行治疗。

（二）提高母牛受配率、受胎率

1. 提高适龄母牛比例，加强对基础母牛的保护　一般牛群中基础繁殖母牛应占 60% 以上，3～5 岁的母牛应占繁殖母牛的 60%～70%。适时整理牛群，治疗或淘汰各类发情异常或劣质母牛；控制母牛膘情，做好发情鉴定和适时配种工作，避免漏配、失配、误配，以提高母牛受胎率。

2. 科学管理母牛　利用先进的母牛繁殖管理系统软件，加强对母牛的精细化管理，提高母牛的受配率和受胎率。

3. 做好母牛配种工作　制订详细的母牛配种计划；选用技术好、责任心强的人工授精员；使用质量好的牛冷冻精液配种；保证母牛应配尽配。

4. 犊牛早断奶　犊牛早断奶可以加快母牛体况恢复，促进母牛性周期活动和卵泡发育，能适时发情、配种。

5. 及时诊疗母牛不孕症　及时检查和治疗母牛不孕症，找出不孕的原因和发病规律，是提高受胎率的有效措施和方法。

6. 控制母牛体况　过高或过低的营养水平均会影响母牛发情受孕，导致代谢疾病。应根据母牛不同的生理阶段，合理、均衡、适量地提供营养，确保母牛处于良好的体况和繁殖状态。

（三）防止流产

应提高责任心，爱护怀孕母牛。对怀孕 5 个月以上的母牛要精心饲养，禁止饲喂发霉、腐败、变质的饲料；加强管理，熟悉母牛的配种日期和预产期，防止踢、挤、撞等机械性损伤。

（四）提高犊牛成活率

做好孕期母牛的饲养管理，改善母牛的饲草、饲料品种，特别是长期喂麦秸和棉籽饼者，冬、春季要加喂青干草或青贮饲料，春、夏季及早供应青草；以青贮饲料为主时，青贮饲料喂量不能超过 2/3，有利于胎儿生长和犊牛成活。

此外，还应做好接产、助产和新生犊牛护理工作。犊牛出生 0.5～1 h 内，必须吃上初乳，而且要饮足，这是关系犊牛健康快速生长发育的关键；早期补料应定量、适量，逐渐增加，并注意饲料的质量。根据犊牛的生理特点，2 月龄以内应以母乳为主要营养来源，这段时间犊牛体质较弱，不能"自理自立"，要加强犊牛的管理，确保干净、舒适的环境，以保证犊牛健康生长。

二、提高母牛繁殖力的技术

（一）科学饲养管理，保持适宜膘情

要根据母牛不同品种、年龄、类型、生产性能等设计饲料配方，努力做到按需要提供营养。但营养水平过高，同样会造成不良后果。一般只要母牛不过肥，膘情与发情、受配、受胎成正相关。换句话说，母牛膘情中等偏上，可有较高的受胎率。

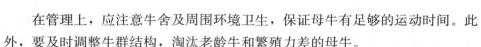
在管理上，应注意牛舍及周围环境卫生，保证母牛有足够的运动时间。此外，要及时调整牛群结构，淘汰老龄牛和繁殖力差的母牛。

（二）用高品质的公牛及其精液配种

高品质的精液来自精心饲养管理的种公牛。人工授精使用的冷冻精液必须符合国家标准，严禁伪劣冻精用于配种。本交使用的种公牛，必须经过鉴定，要及时淘汰精液质量差或有繁殖障碍的种公牛，严禁劣质公牛参加配种。

（三）提高发情鉴定水平，适时配种

发情鉴定是适时配种的前提，其关键是准确估计母牛的排卵时间，把握配种时机，可大大提高母牛受胎率。具体做法是：看母牛外观表现，黏液的分泌量、透明度及牵缕性；触摸卵巢上卵泡大小、泡壁厚薄、紧张度和波动感等；综合以上信息推测母牛排卵时间，从而决定配种时间。

（四）预防和治疗母牛不发情

要加强对母牛的饲养管理，改善营养水平，合理使役，减少气候特别是高温造成的热应激。此外，目前治疗母牛不发情最好的办法就是催情。催情方法有激素疗法和中药疗法。

1. 激素疗法　促卵泡激素（FSH）200～300 IU，间隔1～2 d，肌内注射2～3次；人绒毛膜促性腺激素（hCG）1 000～2 000 IU；孕马血清促性腺激素1 000 IU，间隔6 d，肌内注射或皮下注射2次；氯前列烯醇4～6 mL，间隔1～2 d，肌内注射1～2次。

2. 中药疗法　可用促孕一剂灵内服，每天灌服250 g，连用2～3 d。

（五）推广繁殖新技术

人工授精、同期发情、胚胎移植和生殖激素等繁殖新技术的应用，为提高母牛的繁殖力发挥了很大作用。冷冻精液人工授精技术的推广，极大地提高了优秀种公牛的利用率；胚胎移植技术的应用大大提高了优良母牛的繁殖力，还能使肉牛生双胎；生殖激素可诱导母牛发情，超数排卵，治疗持久黄体，保胎，从而提高母牛的繁殖力。

（六）做好保胎，防止流产

母牛配种后情期受精率在 70%～80%，总受胎率在 90%以上，但最后能产犊牛的只有 70%，其原因是早期胚胎死亡率高。加强母牛的科学饲养管理，特别是妊娠早期和末期，可大大降低胚胎死亡率。对于习惯性流产的母牛，可采取药物保胎措施，如使用安胎药或黄体酮等。

第六章
夏南牛常用饲料及饲料配方

第一节　夏南牛常用饲料

肉牛常用饲料可分为能量饲料、蛋白质饲料、粗饲料、青贮饲料以及预混料等。

一、能量饲料

干物质中粗蛋白含量低于20％、粗纤维含量低于18％的一类饲料称为能量饲料。能量饲料中淀粉含量高，易消化，体积小，水分低，适口性好，是肉牛精饲料主要的组成成分。常用的能量饲料主要包括谷实类，部分块根、块茎及瓜果类等。

1. 谷实类饲料　这类饲料基本上都属于禾本科植物成熟的种子，主要包括玉米、大麦、小麦、高粱等。

2. 谷实类加工副产物　常用的有小麦麸、次粉、米糠和脱脂米糠。

3. 块根、块茎及瓜果类饲料　常见的有胡萝卜、甘薯、木薯、马铃薯、南瓜等。

二、蛋白质饲料

通常将干物质中粗蛋白含量在20％以上、粗纤维含量小于18％的饲料称为蛋白质饲料，包括植物性蛋白质饲料、动物性蛋白质饲料、非蛋白氮类饲料。

1. 植物性蛋白质饲料　即豆科籽实、油料饼粕类和其他制造业的副产品，如大豆、豌豆、蚕豆、大豆饼、大豆粕、芝麻饼、花生饼等。

2. 动物性蛋白质饲料 主要包括鱼粉、肉骨粉、乳制品等。乳制品在犊牛饲养中使用。

3. 非蛋白氮类饲料 非蛋白氮类饲料泛指制作饲料用的氨、铵盐、尿素及其他合成的简单含氮化合物。非蛋白氮被牛瘤胃内微生物利用合成微生物蛋白，微生物蛋白再被牛利用合成体蛋白。因此，供给牛非蛋白氮相当于供给牛动物蛋白。

夏南牛可以使用尿素作为蛋白质饲料来源，但应遵循如下原则：①饲用对象是瘤胃充分发育的成年牛；②补给足够数量的易溶性碳水化合物作为瘤胃微生物增殖的能源；③用量要适当，可制成糊化尿素，避免中毒；④饲粮中应用一定量蛋白质饲料，因为正常饲养管理条件下，微生物蛋白质只能为牛提供 40％的必需氨基酸，另外 60％必需氨基酸必须由饲粮提供。

三、粗饲料

粗饲料体积大、需求量大，而且收储具有很强的季节性。因此，在收储季节备足相应的粗饲料是肉牛养殖场的一项重要任务。常用的粗饲料主要有农作物秸秆、秕壳、干草、酒糟和渣类等农副产品。粗饲料粗纤维含量高，各营养素消化率低下，但它是肉牛养殖最基础、最廉价的饲料。

1. 农作物秸秆 农作物秸秆是农作物脱谷、收获籽实后所得的副产品，常用的有小麦秸秆、玉米秸秆、花生秸秆、稻草。农作物秸秆粗纤维含量一般超过 25％，高的可达 50％，其中木质素含量高达 6.5％～12％；粗蛋白质含量低，且蛋白质品质很差，平均含量为 2％～8％，最高不超过 10％。

2. 秕壳 秕壳类饲料是指农作物在收获脱粒后，除去秸秆外的包被籽实的颖壳、荚皮及外皮等，这类饲料的营养价值略高于同类作物的秸秆，如大豆荚、稻壳、豌豆荚。

3. 干草 干草是人工栽培牧草和野生青草晒制的最终产物，包括苜蓿、羊草和牧区收割的青干草。干草通常含纤维素 18％、粗蛋白质 10％～21％。干草的营养成分因收割的时期不同而异。

4. 酒糟和渣类 是酿酒和农产品加工的副产物，如白酒糟、啤酒糟、粉渣、豆腐渣等。这类饲料含水量大，不宜储存，但营养高于秸秆类饲料。

四、青贮饲料

青贮饲料是规模化肉牛养殖场粗饲料的主要来源。

1. 青贮的意义

（1）营养丰富　青贮可以减少营养成分的损失，提高饲料利用率。一般晒制干草养分损失 20％～30％，有时多达 40％以上，而青贮后养分仅损失 3％～10％，尤其能够有效地保存维生素。据测定，在相同单位面积耕地上，全株玉米青贮饲料的营养价值比玉米籽粒加干玉米秸秆的营养价值高 30％～50％。

（2）增强适口性　青贮饲料柔软多汁，气味酸甜芳香，适口性好，能够增加牛的采食量；同时可促进牛消化腺的分泌，对提高牛日粮内其他饲料的消化也有良好的作用。

（3）饲料保存时间长　良好的青贮饲料，管理适当，可储存多年。

2. 青贮方法　目前常用的方法是青贮池青贮和裹包青贮两种。地面堆积青贮也很常用，而且经济实惠。

（1）青贮池青贮　是一种最常见、最理想的青贮方式，虽一次性投资较大，但青贮池坚固耐用，使用年限长，贮藏量大，青贮的饲料质量有保证。

（2）裹包青贮　需要专门机械设备，成本较高，但便于长途运输。此法适用于做青贮饲料生产经营的专业合作社或企业。

3. 青贮饲料制作要点

（1）原料要有适宜的水分　原料水分含量应保持在 65％～70％；水分含量高要加糠吸水，含量低要加水。

（2）原料要含有一定的糖分　一般要求原料含糖量不低于 2％；低于 2％时，要添加甜菜等富含糖的青绿植物。

（3）青贮过程要快　缩短青贮时间可以防止二次发酵，最有效的办法是快收、快运、快切、快装、快踏、快封。一般小型养殖场青贮过程应在 3 d 内完成。

（4）压实　在装青贮池时一定要将原料压实，尽量排出原料内空气，尽可能地创造厌氧环境。

（5）密封　青贮池不能漏水、露气。

4. 青贮饲料品质评定　青贮饲料的感官鉴定标准见表 6-1。

表 6-1　青贮饲料的感官鉴定标准

等级	颜　色	气　味	酸味	结　构
优良	青绿或黄绿，有光泽，近于原色	芳香酒酸味	浓	湿润，紧密，茎、叶、花保持原状，容易分离
中等	黄褐色或暗褐色	有刺鼻酸味，香味浓	中等	茎、叶、花部分保持原状，柔软、水分稍多
低劣	黑色、褐色或暗墨绿色	具特殊刺鼻腐臭或霉味	淡	腐烂，污泥状，黏滑或干燥，或黏结成块，无结构

5. 青贮饲料使用方法　一般情况下，青贮饲料经过 40～50 d（气温 20～35℃）的密闭发酵，即可完成发酵过程，可以开始取用。

（1）取料应从青贮池一角开始，自上而下，取用量以满足当天牛采食为准，用多少取多少，以保证青贮饲料新鲜，取后仍要注意密封。

（2）喂量要由少到多，逐渐增加。一般情况下每头育肥牛最多每天喂食20 kg，母牛要限量使用。

（3）青贮饲料不宜单喂，应与牧草或与其他干草搭配饲喂。

五、预混料

预混料是一种由矿物质饲料和饲料添加剂经科学配比，富含矿物质、维生素和微量元素的配合饲料，对增强牛的抗病力，促进牛的新陈代谢、生长发育，提高牛的生产能力有着重要的作用。预混料的用量为 2%～4%。

六、常用饲料能量含量及营养成分

夏南牛常用饲料的能量含量见表 6-2，常用饲料的营养成分见表 6-3。

表 6-2　夏南牛常用饲料的能量含量（干物质基础，MJ/kg）

项目	小麦秸	干草	青割苜蓿	玉米青贮	小麦麸	胡萝卜	黄玉米
总能	17.57	17.15	18.41	17.70	18.41	17.11	18.37
消化能	8.28	9.25	11.42	11.88	13.05	14.85	16.02

（续）

项目	小麦秸	干草	青割苜蓿	玉米青贮	小麦麸	胡萝卜	黄玉米
代谢能	6.65	7.28	7.57	8.37	10.88	13.01	13.89
维持净能	4.02	4.31	4.48	4.94	6.69	8.70	9.67
增重净能	0.08	0.84	1.17	2.01	4.31	5.73	6.23
产奶净能	3.43	3.93	4.23	4.98	7.36	9.37	10.21

表6-3 夏南牛常用饲料的营养成分（%）

饲料	干物质	粗蛋白质	粗脂肪	粗纤维	无氮浸出物	粗灰分	钙	磷
玉米	88.4	8.6	3.5	2.0	72.9	1.4	0.08	0.21
小麦麸	88.6	14.4	3.7	9.2	56.2	5.1	0.18	0.88
豆饼	90.6	43.0	5.4	5.7	30.6	5.9	0.32	0.50
菜籽饼	92.2	36.4	7.8	10.7	29.3	8.0	0.73	0.95
花生饼	89.9	46.4	6.6	5.8	25.7	5.4	0.24	0.52
棉籽饼	88.3	39.4	2.1	10.4	29.1	7.3	0.23	2.01
玉米青贮	22.7	1.6	0.6	6.9	11.6	2.0	0.10	0.06
苜蓿（盛花期）	26.2	3.8	0.3	9.4	10.8	1.9	0.34	0.01
苜蓿干草	88.7	11.6	1.2	43.3	25.0	7.6	1.24	0.39
小麦秸	89.6	5.6	1.6	31.9	41.1	9.4	0.05	0.06
稻草	90.3	6.2	1.0	27.0	37.3	18.6	0.56	0.17
花生秧	91.3	11.0	1.5	29.6	41.1	7.9	2.46	0.04
豆腐渣	11.0	3.3	0.8	2.1	4.4	0.4	0.05	0.03
啤酒糟	23.4	6.8	1.9	3.9	9.5	1.3	0.09	0.18

第二节　夏南牛饲料配方

一、饲料配方设计原则

1. 科学性　应根据牛的不同生长阶段和生理特点，设计相应的饲料配方，并根据实际情况合理调整。

2. 实用性　设计饲料配方要结合生产实际，既要考虑适口性，又要将营养需要与采食量相结合。

3. 经济性　饲料配方中的所有原料，应尽可能来源于本地，并结合当地的饲养方式、生产水平、自然环境、动物疫病情况，合理使用添加剂。在保证牛只对营养物质满足的情况下，尽量以最小的投入获得最大的产出。

4. 安全性　有的饲料含有毒物质（如菜籽饼、棉籽饼等），在使用时用量要适当。还要注意饲料卫生，及时清除原料中的掺杂物，严防饲料霉变、酸败。

5. 饲料种类应多样化　根据牛的消化生理特点，选择多种原料进行合理搭配，增强适口性。所选择的饲料应新鲜，无污染，对牛及其产品质量无影响。

二、饲料配方设计方法

试差法是目前国内较普遍采用的方法，又称凑数法，此法可以选用多种原料和多项营养指标进行饲料配制，可调控性强，在生产实践中应用最多。

（一）设计方法与步骤

（1）根据牛的种类、年龄、生产目的等查出相应的饲养标准（营养需要量）。

（2）查出现有饲料的营养成分。

（3）初拟现有饲料配方。

（4）计算初拟配方营养含量。

（5）根据计算结果与饲养标准比较，进行调整。

（二）育肥牛精饲料配方示例

按育肥牛初始体重 200～250 kg，设计日增重 1 kg，育肥期 10～12 个月，体重达到 550～660 kg 出栏，粗饲料以小麦秸、青贮玉米秸秆为主，自由采食，精饲料用量和配方见表 6-4。

表 6-4　精饲料配方和用量

育肥牛体重 （kg）	玉米 （%）	棉粕 （%）	小麦麸 （%）	预混料 （%）	饲料日供给量 （kg，按 100 kg 体重计）
200～350	58	28	10	4	0.8
350～450	60	26	10	4	1.1
450 以上	70	16	10	4	1.2

三、夏南牛营养需要研究

（一）11～12月龄夏南牛干物质、有机物采食量研究

2012年，江西农业大学瞿明仁教授团队就夏南牛干物质、有机物采食量进行研究。研究结果表明：随着饲料中性洗涤纤维（NDF）含量的降低，夏南牛的干物质采食量（DMI）、有机物采食量（OMI）和平均日增重（ADG）逐渐提高，干物质采食量、有机物采食量均与夏南牛平均日增重呈高度线性正相关。

夏南牛的干物质采食量、有机物采食量预测模型为：$DMI=4.22+2.91ADG$（$R^2=0.948$）；$OMI=4.17+2.92ADG$（$R^2=0.948$）。

夏南牛干物质和有机物维持需要量分别为 $4.22\,kg/d$、$4.17\,kg/d$。

（二）11～12月龄夏南牛蛋白质需要量和能量代谢规律与需要量研究

为制定科学饲养标准，充分发挥夏南牛生产性能，提高养殖效益，江西农业大学瞿明仁教授团队和泌阳县夏南牛科技开发有限公司合作，在2013年选择30头体况良好、体质量为（275.57±8.99）kg的11～12月龄夏南牛公牛，按完全随机试验设计，将试验牛分为5个处理组，每个处理组6头牛，对夏南牛蛋白质需要量和能量代谢规律与需要量进行了试验研究。

1. 夏南牛蛋白质需要量研究　采用饲养试验和氮平衡试验，测定了夏南牛平均日增重、粗蛋白质采食量、粪氮排泄量与尿氮排泄量。结果表明：在本试验条件下，夏南牛单位代谢体质量维持粗蛋白质（CP_m）需要量为 $5.40\,g/(kg \cdot d)$，每千克增重的粗蛋白质（CP_g）需要量为 $359.35\,g/kg$；可消化粗蛋白质维持需要量为 $2.79\,g/(kg \cdot d)$，每千克增重的可消化蛋白质需要量（DCP_g）为 $260.69\,g/kg$。夏南牛以代谢体质量（$W^{0.75}$）与平均日增重为预测因子的粗蛋白质、可消化蛋白质需要量预测模型分别为：

$$CP=5.40 \times W^{0.75}+359.35 \times ADG，（R^2=0.997）$$

$$DCP=2.79 \times W^{0.75}+260.69 \times ADG，（R^2=0.998）$$

2. 夏南牛能量代谢规律与需要量研究　采用饲养试验和消化代谢试验，测定夏南牛能量采食量、粪能排泄量、尿能排泄量。结果表明：11～12月龄夏南牛维持消化能（DE_m）和代谢能（ME_m）需要量分别为 $0.517\,MJ/kg\,W^{0.75}$、

$0.402\,MJ/kgW^{0.75}$，每增加 1 kg 体重消化能（DE_g）和代谢能（ME_g）需要量分别为 40.17 MJ/kg、36.02 MJ/kg。

四、夏南牛不同饲养阶段参考饲料配方

1. 犊牛料参考配方

配方 1：玉米粉 60%，麦麸 20%，豆粕 20%；适用于 10～30 日龄的犊牛。

配方 2：豆粕 24%，玉米糁 55%，麸皮 20%，肉牛预混料 1%；适用于 30～70 日龄的犊牛。

配方 3：豆粕 25%，玉米糁 53%，麸皮 20%，肉牛预混料 2%；适用于 70 日龄以上的犊牛。

2. 犊牛早期断奶后日粮参考配方　为玉米糁 42%，麦麸 36%，豆粕 18%，肉牛预混料 4%。

3. 怀孕母牛精料配方　为玉米 50%，麸皮 10%，豆粕 30%，高粱或大麦 7%，预混料 3%；每头牛每天用量为 2～2.5 kg。

4. 哺乳母牛泌乳高峰期日粮配方　为大麦 20%，玉米 30%，麸皮 30%，豆粕 10%，高粱 8%，预混料 2%。

5. 育肥牛常用日粮配方　常用日粮配方见表 6-5。

表 6-5　夏南牛育肥牛常用日粮配方

生长阶段	玉米（%）	棉粕（%）	小麦麸（%）	预混料（%）	饲料日供给量（kg，按 100 kg 体重计）
150 日龄	58	28	10	4	0.8
120 日龄	60	26	10	4	1.0
90 日龄	70	16	10	4	1.2

第七章
夏南牛饲养管理

第一节　夏南牛种公牛的饲养管理

一、育成公牛的饲养管理

育成公牛的培育是犊牛培育的继续。育成期指牛6～30月龄的时期，此期的牛处于快速生长发育的阶段，体重变化大。此期培育措施的得力与否对公牛的生长发育、体形结构及种用性能都有很大影响。因此，应根据牛体重配制能满足育成牛营养需要的日粮（表7-1）。

表7-1　不同体重育成公牛的营养需要

体重 （kg）	日增重 （kg）	日粮干物质 （kg）	粗蛋白质 （g）	增重净能 （MJ）	钙 （g）	磷 （g）	维生素A （IU）	每千克干物质中代谢 能含量（MJ）
75	0.8	1.8	380	9.83	19	10	4 000	12.55
100	1.0	2.4	480	14.10	26	13	6 000	12.55
150	1.1	3.4	870	19.33	30	15	10 000	12.55
200	1.2	5.7	930	24.89	33	17	13 000	12.13
250	1.2	7.7	990	28.79	40	20	15 000	10.46

1. 育成公牛的饲养　应根据不同的体重时段配制能满足其营养需要的日粮。粗饲料应选用优质干草、青干草，不用酒糟、秸秆、粉渣类等；精饲料不能用菜籽饼、棉籽饼。冬、春季没有青草时，每头牛可每天喂胡萝卜0.5～1kg来补充维生素；日粮中的矿物质要充足。

日粮中精、粗饲料的比例一般应根据饲料的质量、种类进行调整。以青干草为主时，要求精、粗饲料干物质的比例为 6∶4；以青草为主时，该比例可降到 5.5∶4.5 或各占 1/2。

2. 育成公牛的管理　从断奶起就应将育成公牛单槽饲喂；10～12 月龄起，应穿鼻带环，鼻环以不锈钢为宜。

对于种用的育成公牛，要求坚持运动，每天上、下午各运动一次，每次 1.5～2 h，行走距离 4 km，运动方式有旋转架和自由活动等。

二、成年种公牛的饲养管理

（一）种公牛的饲养

成年种公牛的营养是否均衡会直接影响其精液品质。4 岁以上的夏南牛种公牛已不再生长，为保持种公牛的种用膘情而不使其过肥，能量的需要以达到维持需要量即可；当采精次数频繁时，应增加蛋白质的供给；精饲料喂量少时必须补充磷；维生素 A 对于种公牛是最重要的维生素，日粮中如果缺少维生素 A，会影响精液品质、精子活力及种公牛的性欲，在粗饲料品质不良时，必须补充维生素 A。不同体重种公牛生长发育的营养需要量见表 7 - 2。

表 7 - 2　不同体重种公牛生长发育的营养需要量

体重 （kg）	日增重 （kg）	日粮干物质 （kg）	粗蛋白质 （g）	增重净能 （MJ）	钙 （g）	磷 （g）	胡萝卜素 （mg）	每千克干物质中代谢能含量（MJ）
250	1.2	7.7	990	28.79	40	20	38	
300	1.2	8.8	1 060	32.51	42	22	40	
350	1.2	10.0	1 130	37.15	43	26	45	
400	1.2	11.0	1 200	41.13	32	30	50	
450	1.0	10.3	1 080	37.36	38	30	58	10.04～10.46
500	0.9～1.0	10.3	1 090	37.36	36	32	63	
550	0.8～0.9	10.5	1 090	37.78	35	35	70	
600	0.6～0.8	10.3	1 080	37.36	34	34	78	
650	0.5～0.7	10.0	1 080	36.57	33	33	85	
700	0.4～0.5	9.7	1 070	35.40	32	32	90	

根据种公牛的营养需要，在饲料的安排上，应该是全价营养，多样配合，适口性强，容易消化，精、粗、青饲料要搭配得当。精饲料的比例以占总营养

价值的 40% 左右为宜。肉用种公牛维持营养需要量见表 7-3，不同季节夏南牛种公牛混合精料参考配方见表 7-4。

表 7-3 不同体重肉用种公牛维持营养需要量

公牛体重 （kg）	日粮干物质 （kg）	粗蛋白质 （g）	增重净能 （MJ）	钙 （g）	磷 （g）	维生素 A （IU）	每千克干物质中代谢 能含量（MJ）
700	7.1	800	124.26	16	16	40	10.04～10.46
800	7.6	890	140.90	19	19	41	10.04～10.46
900	8.4	990	153.72	21	21	44	9.62～10.04
1 000	9.3	1 050	166.31	22	22	48	9.62～10.04

表 7-4 不同季节夏南牛种公牛混合精饲料参考配方（%）

季节	豆饼	玉米	谷子	麸皮	预混料	食盐
夏、秋	25	25～30	10	30～35	4	1.0～1.5
冬、春	25～30	30～35	5～10	20～25	4	1.0～1.5

1. 饲料搭配　多汁饲料和粗饲料不可过量，过多会使种公牛消化器官容积增大，形成"草腹"而影响种用效能。碳水化合物含量高的饲料宜少喂，否则易造成种公牛过肥而降低其配种能力。豆饼等富含蛋白质的精饲料饲喂过多会在牛体内产生大量的有机酸，对精子的形成不利。青贮饲料喂量过多也会形成大量有机酸，对牛同样有害。骨粉、食盐等矿物质，对种公牛的健康和精液品质有直接的关系，尤其是骨粉（或其他含钙、磷的饲料），必须保证喂量。食盐对刺激牛消化机能、增进其食欲和维持其正常代谢也很重要，但喂量不宜过多，否则会对种公牛的性机能产生一定的抑制作用。

当因精饲料或多汁饲料饲喂过量而导致牛精液品质下降时，应在减少精饲料或多汁饲料喂量的基础上，增喂适的优质干草，精液品质可得到明显的改善。当精饲料过于单一，影响精液质量时，则须增加种类，如动物性蛋白质饲料鸡蛋、鱼粉和牛乳。在采精频繁时，这类动物性蛋白质饲料更是不可缺少。

2. 各类饲料的日供应量　精饲料按每 100 kg 体重给予 0.5～0.7 kg。一头种公牛精饲料日供给量不要超过 8 kg，一般在 5～6 kg。青粗饲料的喂量，按每 100 kg 体重给予干草 1～1.5 kg，青贮 0.6～0.8 kg，胡萝卜 0.8～1.0 kg。青粗饲料的日供给量为 25 kg 左右。夏季喂青割草（中等品质，以禾本科草为主），每 100 kg 体重可饲喂 2～3 kg。此外，采精公牛每头每天可补喂鸡蛋 0.4～0.5 kg，或牛乳 2～3 kg，每天给予食盐 70～80 g。

在配种旺季到来前两个月应加强种公牛的饲养，使其在配种旺季达到良好的膘情，可提高精子活力和授精率。

种公牛一般每天喂 3 次，或自由采食；如不采精、不配种，可改为每天喂 2 次。

（二）种公牛的管理

成年种公牛与育成公牛的管理措施基本相同。此外，应每天刷拭按摩种公牛的睾丸，一般每次 5～10 min；每天刷拭皮肤 1～2 次。刷拭不可在饲喂时进行，以免牛毛、尘土落入饲槽；刷拭要仔细，牛体各部位要清洗干净，特别要注意头、颈部，否则种公牛会因尘土粘着皮肤而发痒，易养成顶物、顶人的恶习。夏季可给牛洗澡。

成年种公牛有"三强"特性，即记忆力强、防御反射强、性反射强。

1. 记忆力强　表现在种公牛对周围的人和事物，只要接触过就不会忘记。例如，给种公牛进行过治疗的兽医人员，或曾鞭打过它的人，一旦接近即有反感表现。因此，应固定专人负责饲养管理。饲养员通过喂料、喂水、刷拭等活动，对牛加以驯育，以便管理。同时，在给种公牛治病时，饲养员应该避开，以免给以后的饲养管理工作带来麻烦。

2. 防御反射强　表现在种公牛具有较强的自卫性，当陌生人接近时会粗声、粗气，立刻引起牛防卫反射，并表现出准备攻击的姿态。因此，要保证饲养员、采精员和牛有一个接近熟悉的过程。

3. 性反射强　表现为公牛在采精时，勃起、爬跨和射精反射都很快，射精时冲力很猛，如果长时间不采精，或采精技术不佳，公牛的性格往往变坏，会出现顶人等恶癖。综上所述，在管理上要针对种公牛的特性，恩威并使，驯教为主。饲养员平时不要随意逗弄、鞭打或虐待公牛，如果发现公牛有惊慌表现，应先以温和的声音使之安静，不驯服时再以厉声叱呵制止。

育成公牛在 10～12 月龄戴鼻环。应经常检查种公牛鼻环的绳索，不结实的必须及早更换；缰绳要拴紧，断缰、脱缰后公牛会相互角斗，严重时会受伤，在夜间更应注意，故应有值班制度；公牛的围栏隔板等设备也应结实，不可让牛有脱缰乱跑的机会。

适当的运动有利于种公牛的肌肉、韧带、骨骼的健康，防止肢蹄变形，保证牛活泼，性情温驯，性欲旺盛，精液品质优良，又可防止牛过肥。

修蹄对牛的动作、姿势都有影响，应由兽医经常检查牛蹄，一般每年可修蹄1～2次。每天都应清除牛蹄壁和蹄叉内的粪土。

对待公牛须严肃大胆，谨慎细心，从小就让牛养成听人指引和接近人的习惯，任何时候都不能逗弄公牛，以免形成顶人恶习。饲喂公牛、牵引公牛运动或采精时，必须注意牛的表现，当公牛用前蹄刨地或用角擦地，就是准备角斗的行为。

采精时应注意人、畜安全，采精架要合适，不可损伤牛的前肢，也不可影响牛爬跨。

（三）保持种公牛正常繁殖机能的措施

1. 全价而适度的营养　种公牛营养水平低，饲喂过多或高营养水平饲养易使牛出现过肥和性欲降低等情况，对其精液品质和性欲都会有影响，在饲养不当时，会导致牛脑下垂体促性腺激素的分泌减少或睾丸对性激素的反应减退，进而影响精液的生产，因此种公牛的营养必须全价而适度。

2. 适当的年龄　种公牛一般5～6岁以后繁殖机能会减退，种公牛3～4岁时精液的受胎率最高，以后每年以1％的比例下降。

3. 保持正常的性激素水平　公牛性激素分泌异常时表现无精子、精子减少、副性腺分泌异常、性欲减退等。出现这些情况时可用促性腺激素释放激素、卵泡激素、黄体生成素、孕马血清促性腺激素及绒毛膜促性腺激素治疗。应尽早治疗，以防影响治疗效果。

甲状腺素对提高公牛性欲和受胎率也有一定作用，在缺碘地区加喂碘化钾可促进种公牛精子的形成。

4. 掌握季节的影响　公牛精液的受精能力与日照时间成正相关，日照最长的季节种公牛表现出最高的受胎率。与日照相比，温度的影响更应被重视。

在炎热夏季，公牛精液的受胎率低，如公牛处在30℃以上温度条件下，就会引起睾丸和阴囊皮温上升，造成精子数目减少，精子活力下降，畸形精子增加，严重者不产生精子。温度越高、高温持续时间越长，对精子伤害越大，因此夏季通过遮阴、喷雾、水浴、吹风等措施给种公牛降温，非常重要。

5. 合理利用种公牛　种公牛一般在18月龄开始采精或配种。近年来，由于要尽早进行后裔鉴定，在 12～14 月龄开始采精，18 月龄正式投产使用后，每 10 d 或 15 d 采精 1 次，以后逐渐增加，24 月龄时每周采精 2 次。

成年公牛在春、冬季每周采精 3～4 次，或每周采精 2 次，每次采精公牛射精 2 次；夏季一般只采精 1 次，可在早晨采精；通常在喂后 2～3 h 采精，最好每天早、晚进行。

一般情况下，应按每周采精计划和固定地点对种公牛采精。但在同一环境长期采精，公牛往往不愿爬跨，不愿通过假阴道采精，采精员应经常注意牛的这些表现。更换台牛和改变采精环境可刺激种公牛性欲。同时，采精时应保持周围环境安静，不许打骂公牛，使其惊慌。

第二节　夏南牛母牛的饲养管理

母牛是否具有高怀孕率、高育犊成活率，产犊后是否早发情，是否具有较多的泌乳量、较长的泌乳期及良好的母性，这些都是衡量种用母牛优劣的标准。通过科学的饲养管理，使母牛的上述性能达到较高水平，才能提高饲养母牛的经济效益。

一、育成母牛的饲养管理

（一）育成母牛的饲养

不同的生长阶段育成牛的饲养措施不同，整个育成期大体划分为以下三个阶段。

1. 6～12 月龄阶段的饲养　此期是牛生长发育最快的时期，性器官和第二性征发育很快，体躯的高度和长度急剧增长。公牛、母牛应分群管理，防止无目的的乱配。日粮组成既要满足生长发育的需要，又要促进消化器官进一步发育完善和降低饲养成本。日粮应以青饲料、优质粗饲料为主，同时还必须适当补充一些精饲料。一般而言，日粮中干物质的 75% 应来源于青粗饲料，25% 来源于精饲料。在放牧状况下，如果牧草状况良好，可以不补饲精饲料；在牧草生长较差的情况下，则必须补饲精饲料，以保证育成母牛生长发育的需要。育成母牛的营养需要见表 7 - 5，体重 500～550 kg 育成母牛的日粮配制见表 7 - 6。

表7-5 不同体重育成母牛的营养需要

体重 （kg）	日增重 （kg）	干物质 （kg）	肉牛能量单位 （RND）	综合净能 （MJ）	粗蛋白质 （g）	钙 （g）	磷 （g）
150	0.7	4.12	2.36	19.08	548	25	11
175	0.7	4.51	2.64	21.34	571	25	12
200	0.7	4.89	4.89	23.43	593	25	13
225	0.7	5.26	3.22	25.36	614	25	13
250	0.7	5.62	3.53	28.53	637	25	14
275	0.7	5.98	3.85	31.09	657	25	14
300	0.7	6.32	4.17	33.64	679	25	15
325	0.7	6.66	4.46	35.98	700	25	16
350	0.7	7.00	4.74	38.24	719	25	16
375	0.5	6.74	4.50	36.32	669	22	16
375	0.6	7.03	4.76	38.41	704	24	17
375	0.7	7.32	5.03	40.58	743	26	17
400	0.5	7.06	4.76	38.41	689	22	16
400	0.6	7.36	5.03	40.58	727	24	17
400	0.7	7.66	5.31	42.89	763	26	17

表7-6 体重500～550kg育成母牛日粮配制

日粮成分	7～9 月龄	10～12 月龄	13～15 月龄	16～18 月龄	19～21 月龄	22～24 月龄	妊娠7～ 9个月
干草（kg）	2.5	2.5	2.5	3.0	3.0	3.0	4.0
青贮料（kg）	6.0	6.5	10.0	11.0	11.5	11.0	13.0
半干青贮料（kg）	3	4	4	4	5	6	7
秸秆（kg）		1	1	1	1	1	1
精饲料（kg）	1.1	1.1	1.0	1.0	1.0	1.0	1.5
食盐（g）	25	30	35	40	45	50	58
饲用磷酸盐（g）	30	30	40	40	45	50	55
硫酸铜（mg）		31	34	37	40	31	
硫酸锌（mg）	160	310	330	330	400	410	260
氯化钴（mg）	7	10	10	10	11	11	11
维生素D浓缩物（IU）	700	1 300	2 000	2 500	2 900	3 200	3 200

2. 12月龄至初次怀孕阶段的饲养　此阶段的母牛既无妊娠负担，又无泌乳负担，所以日粮只要保证其生长需要即可。一般情况下，利用好的干草、青贮料等就能满足其需要，使日增重达到 0.65～0.75 kg，可不喂或少喂精饲料。在放牧情况下，如果牧草状况较差，则必须给牛补饲精饲料。体重 600～650 kg 育成母牛的日粮配合（干草饲养类型）见表 7-7；体重 600～650 kg 育成母牛的日粮配合（青贮料饲养类型）见表 7-8。

表 7-7　体重 600～650 kg 育成母牛日粮配合（干草饲养类型）

日粮成分	7～9 月龄	10～12 月龄	13～15 月龄	16～18 月龄	19～21 月龄	22～24 月龄	妊娠7～9 个月
干草（kg）	3.0	3.0	3.0	3.0	3.0	3.5	4.0
半干青贮料（kg）	6.5	10.0	11.0	13.0	14.0	14.0	14.5
精饲料（kg）	1.3	1.2	1.2	1.2	1.2	1.3	1.8
饲用磷酸盐（g）	40	45	50	55	60	80	62
食盐（g）	30	35	40	45	50	55	62
硫酸铜（mg）		31	33	30	40	30	
硫酸锌（mg）	150	320	310	320	380	410	260
氯化钴（mg）	7	10	10	10	12	12	11
维生素 D 浓缩物（IU）	700	1 300	1 900	2 500	2 900	3 200	3 200

表 7-8　体重 600～650 kg 育成母牛日粮配合（青贮料饲养类型）

日粮成分	7～9 月龄	10～12 月龄	13～15 月龄	16～18 月龄	19～21 月龄	22～24 月龄	妊娠7～9 个月
干草（kg）	3.5	3.5	3.5	3.5	3.5	4.5	5.0
青贮料（kg）	9.5	15.0	17.0	20.0	22.5	21.0	22.0
精饲料（kg）	1.3	1.2	1.2	1.2	1.2	1.3	1.8
食盐（g）	30	35	40	45	50	55	82
饲用磷酸盐（g）	40	45	50	55	60	70	80
硫酸铜（mg）	27	37	40	43	46	37	27
硫酸锌（mg）	200	370	350	370	480	470	360
氯化钴（mg）	11	15	15	15	15	16	16
维生素 D 浓缩物（IU）	900	1 500	2 200	2 700	3 200	3 400	3 400

3. 初次怀孕到第一次分娩阶段的饲养　此期母牛体躯的宽、深显著增加，在丰富的饲养条件下，体内易沉积过多脂肪，因此在这一阶段的前期应按 12 月龄至初次怀孕阶段的方法饲养，但要注意饲料的多样化、全价性。到妊娠最后 2～3 个月，由于母牛体内胎儿生长发育所需的营养物质增加，同时为避免压迫胎儿，要求日粮体积要小，应减少粗饲料，增加精饲料。

（二）育成母牛的管理

初次受胎的母牛，通过刷拭、按摩等接触，使其养成温顺的习性，防止其因做激烈的旋转运动或跑跳、滑倒而流产。如果需要修蹄则应在妊娠 5～6 个月前进行。适度的运动可持续到分娩前，在预定分娩前 7～10 d，需将母牛转入产房饲养。

在怀孕的中、后期，乳腺组织处于高度发育阶段，此时按摩母牛乳房或用温水清洗乳房，可促进乳腺发育，提高其泌乳量；乳房的按摩一般在妊娠后 5～6 个月开始，每次 3～5 min，至产前 15 d 停止按摩。

二、成年母牛的饲养管理

成年母牛一般指 2.5 岁以上的母牛。2.5～4 岁，母牛仍在生长发育，4 岁以上母牛已经体成熟，在不怀孕或哺乳的状况下，只需维持营养需要。因此，成年母牛的饲养管理实际上包括仍在生长母牛、怀孕和围产期母牛、哺乳母牛和空怀母牛 4 个阶段。

（一）生长母牛的饲养管理

由于牛随着年龄和体重增加，其增重速度变慢，生长所需的营养减少，而维持需要增加，所以总的营养物质需要量仍呈增长趋势。在饲养上，妊娠前 6 个月不必为怀孕母牛额外增加营养，而是要使怀孕母牛保持中上等膘情即可；在产前 3 个月，则需增加营养，一是满足胎儿的生长发育所需，二是使母牛体内蓄积一定的养分，以保证产后的泌乳。如果因营养不足而造成胎儿生长发育不良，会造成犊牛增重减慢，饲养成本上升。一般要求母牛在产前 3 个月体重至少增加 65～90 kg，才能保证产犊后母牛的正常泌乳与发情，但应注意不要使母牛过肥，以免胎儿过大造成难产，尤其是初产母牛。不同体重母牛的营养需要量见表 7 - 9；母牛妊娠最后 3 个月需要增加的营养量（日量）见表 7 - 10。

表7-9　不同体重母牛的营养需要量

体重 (kg)	日增重 (kg)	干物质 (kg)	粗蛋白质 (g)	增重净能 (MJ)	钙 (g)	磷 (g)	胡萝卜素 (mg)	每千克干物质中代谢 能含量（MJ）
300	0.4	5.53	523	13.64	20	14	40	
350	0.3	5.87	547	13.81	19	14	40	
400	0.2	6.15	560	13.81	18	15	40	8.36～9.20
450	0.1	6.38	571	14.48	17	16	40	
500	0.1	6.89	616	14.73	18	18	43	

表7-10　母牛妊娠最后3个月需要增加的营养量（日量）

牛的体型	粗蛋白质 (g)	增重净能 (MJ)	钙 (g)	磷 (g)	胡萝卜素 (mg)
小型牛（成年牛体重 550 kg 以下）	90	3.56	4.5	3	3.8
大型牛（成年牛体重 550 kg 以上）	120	4.81	6.0	4	5.0

（二）怀孕期和围产期母牛的饲养管理

1. 日粮供给　应根据母牛个体大小及不同生理阶段合理搭配日粮。如果粗饲料品质好，相应要减少精饲料。粗饲料品质依次为：青草＞青贮＞青干草、氨化秸秆＞花生秧、麦秸、稻草。怀孕前期的母牛喂优质粗饲料可不补饲精料，粗饲料质量差可补 0.5～1 kg 精料；怀孕后期可根据粗饲料品质分别补喂 0.7～1.5 kg 精饲料，饲喂秸秆日粮时，每千克饲料加 10 000 IU 维生素 A 添加剂。怀孕母牛禁喂棉籽饼、菜籽饼、酒糟等，也不能喂冰冻、发霉饲料；饮水温度不低于 10℃。

如果以放牧为主，青草季节应尽量延长放牧时间，一般可不补饲。枯草季节，应根据牧草状况和牛的营养需要确定补饲草料的种类和数量，特别是在怀孕后期的 2～3 个月，应进行重点补饲，每头每天加喂胡萝卜 0.5～1 kg，每头每天补喂精饲料 0.8～1.1 kg。精饲料参考配方：玉米 50%，麸皮 10%，豆饼30%，高粱或大麦 7%，预混料 2%，食盐 1%。

2. 母牛管理　怀孕后期应做好保胎工作，无论是放牧或是舍饲，都要防止挤撞、狂跑。临产前注意观察，保证母牛安全分娩，在饲料条件较好时，应避免过肥和运动不足，适度的运动可增强母牛体质，促进胎儿发育，防止难产。

　　母牛分娩前 15 d 称围产期。此期母牛发病率较高，应加强护理，单栏饲喂并可让牛自由运动，喂易消化的饲草、饲料。产房要求宽敞、清洁、保暖、环境安静，并预先用 10% 石灰乳粉刷消毒，干后在地面铺以清洁、干燥、日光晒过的柔软垫草。

　　母牛产前要准备好接产、助产的用具和药品。临产当天，应时时看护，分娩时要细心照顾母牛，需要时做好助产。母牛分娩后常喂温热麸皮盐水，以补充体液和体力，调节酸碱平衡。参考配方为：麸皮 1.5～2 kg，食盐 100～150 g，温热水调和。

　　胎衣一般在母牛分娩后 5～8 h 排出，最长不超过 12 h；如果超过 12 h，尤其是夏季，就应进行药物治疗，投放防腐剂，或及时进行剥离手术，否则易继发子宫内膜炎，影响繁殖。

（三）哺乳母牛的饲养管理

　　1. 日粮供给　母牛分娩前 1 个月和产后 70 d 是种母牛饲养关键的 100 d，精饲料主要在这 100 d 内补喂。为使母牛获得充足的营养，应给予品质优良的干草，冬季可多喂青贮饲料、胡萝卜等。

　　母牛分娩后的最初几天，体力尚未恢复，消化机能不好，必须给予容易消化的日粮，粗饲料应以优质干草为主，精饲料最好用小麦麸，每天喂 0.5～1 kg，逐渐增加，并加入其他饲料，3～4 d 后可转为正常日粮。母牛产后恶露没有排净之前，不可喂给过多精饲料，以免影响其生殖器官的复原和产后发情。

　　哺乳母牛的泌乳量直接影响犊牛的生长速度。母牛泌乳的主要任务是满足犊牛的营养需要，其日粮配合可采用大麦、高粱、麸皮、玉米、豆饼等。要特别注意泌乳早期（产后 70 d）的补饲，除增加青干草、青贮料、农作物秸秆和配合精饲料等饲料外，每天最好补喂饼类蛋白质饲料 0.5～1 kg，同时保证矿物质和维生素的需要，因为母牛在泌乳状态下的能量饲料消耗要比妊娠母牛高出 50%，而蛋白质、钙、磷的需要量则加倍。哺乳母牛的营养需要量见表 7-11。

　　2. 母牛管理　母牛产后 15～20 d 至泌乳 3 个月是泌乳高峰期，此期维持 2～3 个月，这个时期可实行"定期交替饲养法"。即每隔一段时间，改变饲养水平和饲养特性。具体就是粗饲料型和精饲料型饲养方法交替使用。通过这种周期性的刺激，可以提高牛的食欲和饲料利用率，进而增加母牛的泌乳量。一般交替饲养周期为 2～7 d。

表 7-11　不同体重哺乳母牛的营养需要量

体重（kg）	干物质（kg）	肉牛能量单位（RND）	综合净能（MJ）	粗蛋白质（g）	钙（g）	磷（g）
300	4.47	2.36	19.04	332	10	10
350	5.02	2.65	21.38	372	12	12
400	5.55	2.93	23.64	411	13	13
450	6.06	3.20	25.82	449	15	15
500	6.56	3.46	27.91	486	16	16
550	7.04	3.72	30.04	522	18	18

哺乳母牛泌乳高峰期要给予营养平衡、充足的日粮。精饲料参考配方：大麦 20%，玉米 37%，麸皮 30%，豆饼 10%，食盐 1%，预混料 2%。用料量：350 kg 体重喂 1.5 kg，400 kg 体重喂 1.6 kg，450 kg 体重喂 1.8 kg，500 kg 体重喂 2.0 kg。优质粗饲料自由采食。

（四）空怀母牛的饲养管理

1. 日粮调配　空怀母牛的饲养管理主要是围绕提高受配率，充分利用粗饲料，降低饲养成本而进行。繁殖母牛在配种前应具有中上等膘情，过瘦或过肥往往影响繁殖性能。实践证明，如果母牛前一个泌乳期内给予足够的平衡日粮，科学管理，则能提高母牛的受胎率。瘦弱母牛配种前 1～2 个月加强饲养，适当补饲精饲料，也能提高其受胎率。

2. 母牛管理

（1）适时配种　母牛发情时应及时配种，防止漏配和失配；对初配母牛，应加强管理，防止早配；经产母牛产犊后 3 周要注意其发情情况，对发情不正常或不发情者，要及时采取措施。一般母牛产后 1～3 个情期，发情、排卵比较正常，随着时间的推移，犊牛体重增加，消耗增多，如果不能及时补饲，母牛往往膘情下降，发情、排卵受到影响。因此，母牛产后多次错过发情期，则情期受胎率会越来越低；如果出现此种情况，应及时进行直肠检查，摸清情况，慎重处理。

（2）及时处理不孕母牛　造成母牛不孕的原因有先天和后天两种。先天性不孕的情况较少，在育种工作中淘汰那些隐性基因的携带者，就能加以解决。后天性不孕主要是由于营养缺乏、饲养管理及生殖器官疾病所致。

成年母牛因饲养管理不当造成的不孕，在恢复正常营养水平后，大多能够自愈。在犊牛时期由于营养不良致生长发育受阻，影响生殖器官正常生长发育而造成的不孕，则很难用饲养方法补救。若育成母牛长期营养不足，则往往导致初情期推迟，初产时出现难产或死胎，并影响以后的繁殖力。体重 400 kg 以上空怀母牛的维持营养需要量见表 7 - 12。

表 7 - 12　体重 400 kg 以上空怀母牛的维持营养需要量

体重 （kg）	干物质 （kg）	粗蛋白质 （g）	增重净能 （MJ）	钙 （g）	磷 （g）	胡萝卜素 （mg）	每千克干物质中代谢能含量（MJ）
400	5.55	492	9.29	13	13	30	
450	6.06	537	10.13	15	15	33	
500	6.56	582	10.96	16	16	35	7.53～8.79
550	7.04	625	11.80	18	18	38	
600	7.52	667	12.59	20	20	40	

运动和日光浴与增强牛群体质、提高牛的生殖机能有密切关系。牛舍内通风不良、空气污浊、寒冷、潮湿等恶劣环境极易危害牛体健康，影响母牛发情。因此，要改善牛舍内外环境，保持干净卫生，保证母牛舒适。

第三节　夏南牛犊牛的饲养管理

一、初生犊牛的护理

1. 做好接产　根据配种记录做好预产是良好接产的前提。产犊时要有专人守候，出现难产时，要及时助产或请兽医处理。

2. 清除黏膜　当犊牛出生后，应首先清除口鼻上的黏膜与黏液，以免妨碍其呼吸。如母牛正常产犊，会立即舔食犊牛体躯上的黏膜而无需进行擦拭；但当母牛不愿舔食时，就需要人工擦净犊牛体躯上的黏液，以免其受凉，特别是气温较低时。

3. 断脐带　多数犊牛生下来脐带都可自然断裂，不管是否断裂，都应在距犊牛腹部约 10 cm 处，用消毒剪刀剪断脐带，挤出脐带中的黏液，并用碘酊充分消毒，数日内脐带即可自然脱落。处理完脐带后，应用手剥去犊牛的软蹄，进行称重；犊牛欲站立时，应帮助其站立，并帮助犊牛吮吸初乳。

4. 喂初乳　初乳是母牛产犊后 5～7 d 内分泌的乳汁，其中含有许多免疫物质，对增强犊牛抗病力起关键性作用。

犊牛初生时对初乳中免疫球蛋白的吸收率最高，随着时间的延长，其吸收率迅速下降，24 h 后对未经消化的免疫球蛋白的吸收已几乎为 0。因此，应使犊牛在出生后 2 h 内吃到初乳，3 d 内吃足初乳。人工哺乳时，奶具每天要用开水消毒。

5. 保持牛舍卫生　犊牛舍地面要平坦、干燥、清洁，舍内要通风、并能防暑降温；垫草要勤换，粪便要及时清除。

6. 去除异物　运动场和饲料中严禁有布条、绳条、塑料薄膜碎片等异物，以防犊牛误食。

二、犊牛的饲养

1. 犊牛的哺育及早期补饲　为保证犊牛良好的生长发育，应坚持让母牛哺喂犊牛，如果母牛无乳或母乳不足，应当及时找保姆牛喂乳。

为弥补母牛哺乳后期泌乳量的不足和为早期断奶打基础，一般 7～10 日龄的犊牛就可教其采食犊牛料，方法是：在犊牛喂完奶后用少量犊牛料涂在其鼻镜上和嘴唇上，或是撒少量犊牛料于饲料盘中任其舐食，经 2～3 d 后，犊牛就会自己舐食；料不应放多，因犊牛初期采食量少；保持饲料盘卫生和饲料清洁新鲜。同时，为促进犊牛瘤胃的发育，10 日龄左右的犊牛就应提供质量高、质地软的干草或青草供其采食。

犊牛补饲最好用全价配合颗粒饲料。犊牛料的参考配方：玉米 49%，麸皮 30.4%，豆饼 15.5%，麸皮 31.5%，预混料 4%。

2. 犊牛早期断奶　犊牛的哺乳期一般为 6 个月，为使母牛产后早发情、早配种、缩短产犊间隔，提高母牛的终生生产力和降低生产成本，现在多提倡早期断奶，即在犊牛 4 月龄左右时断奶。

断奶后犊牛与母畜分开，饲料完全由饲草、青贮饲料、精饲料取代；犊牛需要经过一定的时间才能适应新的环境和饲料，应做好饲料、饲草的供应。投料原则：少量多次进行添加，这样既能保证犊牛的采食量，也不造成饲草的浪费。在保证犊牛采食量的条件下，逐渐减少青干草或青草的投喂，适当增加青贮饲料的投喂，直到完全由青贮饲料取代。精饲料的投喂也要遵守少量多次、循序渐进的原则，以犊牛的粪便正常为前提，逐渐增加投喂量和减少投喂次数，直至犊牛每次能采食 1～1.5 kg 精饲料；在犊牛不出现腹泻或消化不良后，采用每天 2 次投喂精饲料的饲喂方法。在哺乳期采取诱食的犊牛，经 1 周左右即能适应。

犊牛早期断奶后，为保证采食的饲料能满足犊牛的生长发育，要求供给适口性好的全价配合饲料，日粮中精饲料、粗饲料的比例一般为 1∶1。粗饲料最好喂给优质干草、青草和青贮玉米，随着年龄增加，4 月龄后可逐渐添加秸秆饲料，一般到 9 月龄时，秸秆饲料的喂量应不超过全部粗料的 1/3。秸秆饲料指玉米秆、麦秸、稻草等。

无论是混合精饲料还是粗饲料，喂量都应从少到多，逐渐增加。断奶后的犊牛，其生长虽然不如哺乳期，但只要犊牛的日增重保持在 0.6～0.8 kg，微弱的生长发育受阻会在育成期较高的饲养水平条件下完全补偿。以下介绍 3 种犊牛早期断奶后日粮参考配方。

配方 1：玉米粉 38%，麦麸 36%，麦糠 20%，豆饼 14%，预混料 2%。

配方 2：玉米粉 21%，麦麸 38%，麦糠 20%，豆饼 10%，酵母粉 5%，鱼粉 4%，预混料 2%。

配方 3：优质苜蓿草粉颗粒料 20%，玉米粉 38%，干草粉 20%，豆粕 10%，糖蜜 10%，预混料 2%。

三、犊牛的管理

1. 预防疾病　犊牛发病率高的时期是出生后的前几周，因此要认真做好对断奶犊牛粪尿、运动、精神等方面情况的观察，以便及时发现异常情况，并及时治疗，降低犊牛病死率。

（1）预防接种　犊牛免疫注射应在断奶 2 个月后进行，以防止母源抗体的干扰。为保证免疫效果，犊牛首次免疫 10 d 后，应进行一次加强免疫，以后按正常的免疫程序接种疫苗。

（2）预防寄生虫病　牛的消化系统对大部分抗体内寄生虫药物有不良反

应，所以对断奶犊牛的驱虫宜尽量避免在适应期内给药，防止犊牛腹泻的发生。定期做好犊牛舍、生产用具的消毒，可有效防止由螨虫、真菌等引起的接触性皮肤病的传播和发生。

（3）预防脐带炎　脐带炎是由于助产时脐带不消毒或消毒不严格，致使脐带感染细菌而发炎。预防措施：①做好脐带的处理和严格消毒；②保持良好的环境卫生，运动场、圈舍定期用 2% 氢氧化钠溶液消毒；③即时清除粪便，勤换垫草。

（4）预防犊牛白痢　犊牛白痢又叫犊牛大肠埃希菌病，以 7 日龄内的犊牛多发，死亡率较高。预防措施：①加强对妊娠母牛和犊牛的饲养管理，注意保持牛舍和母牛乳房清洁；②定期用 2% 来苏儿或 5% 福尔马林对牛舍、运动场所等进行严格消毒；③防止犊牛受潮、热、寒等因素的刺激，严禁犊牛乱饮脏水；④犊牛出生后尽早吃上初乳；⑤犊牛一旦患病，立即隔离治疗。

断奶犊牛的预防接种，应在断奶 2 个月后进行，以防止母源抗体的干扰。为保证免疫效果，断奶犊牛首次免疫 10 d 后，应进行一次加强免疫，以后按正常的免疫程序接种疫苗，就能很好地起到对传染病的预防作用。

2. 刷拭　犊牛皮肤易被粪便及尘土黏附而形成皮垢，因此每天必须对犊牛皮肤刷拭 1 次，这也有利于犊牛的调教，养成其温驯的性格。

3. 称重及编号　牛的称重一生要进行多次，初生重称重是必须进行的，即在犊牛出生后吃第一次初乳前，予以称重，同时进行编号。

4. 分群饲养　不采用拴系饲养时，犊牛容易发生以大欺小的现象，常造成小牛精饲料采食减少，严重影响体型小的犊牛的生长发育，所以应尽量避免大小混养。同时，在饲养过程中，还应根据犊牛的生长速度和采食快慢情况，定期对牛群进行调整，才能保证每头犊牛的正常生长。

5. 运动与放牧　犊牛从 8～10 日龄起，可开始做短时间的运动，以后逐渐延长。有条件的地方，犊牛可从 2 月龄开始放牧。

6. 供给充足的饮水　犊牛每天的饮水量随摄取饲料的干物质数量及气温条件而变化，但不管是舍饲还是放牧，都应充分供给清洁饮水，任其自由饮用。有条件的地方可采用自动饮水器。如果采用饮水槽供水，槽内容易落入异物、饲料等杂质，导致槽内有青苔生长，易引起细菌滋生，影响饮用水的质量，容易使犊牛生病，需要视饮水槽的清洁情况，不定期清理槽内异物，对饮水槽进行清洗和消毒。

7. 防暑保温　犊牛出生后体温调节能力差，不耐低温和高温，出生后的适宜舍温为13～16℃，气温过低或过高时，要采取防暑保温措施，保证犊牛健康。

第四节　夏南牛育肥牛的饲养管理

一、育肥牛的饲养

（一）育肥前的准备工作

1. 驱除肠道寄生虫　育肥前常用广谱驱虫药如盐酸左旋咪唑、阿苯达唑、阿福丁等，剂量为每千克体重5 mg。

2. 防治皮肤寄生虫　螨病是常见的皮肤病，一旦发现应及时隔离治疗，用杀螨剂喷洒牛舍及被污染的用具；可用双甲脒、溴氰菊酯、辛硫磷、敌百虫等药物治疗。

3. 健胃　应在育肥牛入舍3 d后进行，每头牛口服人工盐60～100 g，或用健胃散、大黄苏打片等灌服。

4. 防疫　驱虫健胃后，注射口蹄疫二联苗或三联苗。

（二）育肥牛的饲养技术

1. 饲养方式　主要根据育肥牛的年龄、体重、增重速度和育肥期而确定，通常采用以下三种方式。

（1）高高型　整个育肥期全部采用高营养水平。

（2）中高型　育肥前期采用中等营养水平，后期采用高营养水平。

（3）低高型　育肥前期采用低营养水平，后期采用高营养水平。

肉牛日粮中粗饲料和精饲料的比例一般要求为：

育肥前期：粗饲料55%～65%，精饲料45%～35%。

育肥中期：粗饲料45%，精饲料55%。

育肥后期：粗饲料15%～25%，精饲料85%～75%。

2. 常用日粮配方

（1）持续育肥法日粮配方

①育肥体重 200～250 kg、6～8 月龄的育成牛，设计日增重 1 000 克以上，育肥期 7～9 个月，体重达到 550～600 kg 出栏，粗饲料以小麦秸、花生秧、青贮玉米秆为主，自由采食。精饲料用量和配方见表 7-13。

表 7-13 持续育肥法日粮配方示例一

育肥牛体重 （kg）	玉米 （%）	棉粕 （%）	小麦麸 （%）	预混料 （%）	饲料日供给量 （kg，按 100 kg 体重计）
200～300	58	28	10	4	0.8
300～450	60	26	10	4	1.1
450 以上	70	16	10	4	1.2

②育肥体重 300～350 kg、10～12 月龄的育成牛，设计日增重 1 500 g 以上，育肥期 4～6 个月，体重达到 550～600 kg 出栏。粗饲料以小麦秸、花生秧、青贮玉米秸秆为主，自由采食。精饲料用量及配方见表 7-14。

表 7-14 持续育肥法日粮配方示例二

育肥牛体重 （kg）	小麦 （%）	玉米 （%）	棉粕 （%）	小麦麸 （%）	浓缩料 （%）	饲料日供给量 （kg，按 100 kg 体重计）
300～450	20	22	18	20	20	1.1
450 以上	20	32	10	18	20	1.2

③育肥淘汰的成年牛，体重 400～500 kg，要求日增重 1 200 g，育肥期 3 个月。干草任意采食，每天加喂混合精饲料 5 kg，参考配方为：玉米 74%，棉粕 14%，麸皮 10%，食盐 1%，预混料 1%。

（2）育成牛后期集中育肥法（前期多粗饲料育肥模式）日粮配方

①育肥分期及饲料供给　后期集中育肥法一般将育肥期分为 2～3 个阶段，总育肥期为 10～13 个月，一般不超过 8～10 月龄。

A. 育肥前期　以饲喂粗饲料如优质干草、青贮玉米，氨化、微贮秸秆等为主，要限制精饲料的喂量，以免精饲料过多造成牛体脂肪沉积，影响育肥后期增重。该期一般使牛保持 450～600 g 的日增重，但不能低于 400 g，时间不宜超过 5 个月，所以大多选择 120～140 d。

B. 育肥中期　一般为 5 个月，日增重 1 500 g 以上。该期是利用牛补偿生长的主要阶段，要求日粮的蛋白质水平相对较高，而能量水平相对较低，无论粗饲料还是配合精饲料的饲料都应多样化，精饲料量可提高到日粮比例的65%～80%，但在过渡期应逐渐增加。过渡期一般为2周，若不生产高档牛肉，牛体重达到550～600 kg时，即可出售。

C. 育肥后期　一般为3个月，日增重控制在1 000 g。此期的主要目的是为了进一步改善牛肉肉质，形成大理石花纹。日粮中蛋白质水平要相对降低，能量水平提高，以利于脂肪渗透到肌纤维间。育肥结束牛体重可达到700 kg。

②日粮配方　采用后期集中育肥法，对育肥前期的饲料配合无严格要求。一般情况下，饲喂优质干草，青贮玉米秆，氨化、微贮麦秸等粗饲料，只需要加少量精饲料即可。

育肥中后期的日粮则需按标准配合，且应按日增重1～2 kg的饲养标准供给，以使牛尽快育肥。以下为3个精饲料参考配方。

配方1：玉米72%，棉粕14%，麦麸10%，预混料4%。

配方2：玉米68%，麦麸10%，大麦5%，棉粕8%，苜蓿粉5%，预混料4%。

配方3：玉米40%，小麦31%，麸皮15%，棉粕10%，预混料4%。

二、育肥牛的管理

（一）适应期管理

从市场购回的育肥牛，尤其是从远地购买的育肥牛，其胃肠食物少，体内严重缺水，应激反应大，加上饲料种类和数量的变化，需要有一个适应期，一般为15～20 d。适应期管理应注意以下几方面。

1. 饮水　第1次饮水量应限制在10～20 L，切忌暴饮。如果每头牛同时供给人工盐10 g，效果更好；3～4 h后，可第2次自由饮水，水中如掺麦麸效果更好。

2. 喂食　当牛饮水充足后，便可饲喂优质干草，第1次应限量饲喂，以后每天增加，5～6 d后可自由采食；青贮饲料2～3 d后饲喂；精饲料4 d后开始供给，起初按牛体重的0.5%供给，逐渐过渡到正常量。

3. 分群　按牛年龄、品种、体重分群，一般20～25头为一栏，每头牛占地面积 5～5.5 m²，舍内地面应保持清洁、干燥。

（二）育肥期管理

1. 适量运动　育成牛既要有一定的运动量，又要限制其活动。为防止育肥牛过量运动，大型育肥场，应小栏散养，每头牛活动场面积 3～5 m²；小型育肥场（户），可用短绳拴系。

2. 科学饲喂　栏内散养可采用自由采食法，这样牛不仅可根据自身需求采食足够的料，还可以节约劳动力，减少食槽。目前，大多数牛场采取定时饲喂法，每天喂 2～3 次，饲喂顺序是先喂粗饲料，再喂精饲料，最后提供饮水。有条件的牛场，要采用 TMR 饲喂方法，进行科学饲喂。

3. 保持牛舍和牛体卫生　每天应对牛舍清扫 2 次，清除污物和粪便，每隔 15 d 或 1 个月对用具、地面消毒 1 次。正常情况下，在育肥牛入舍前，应对牛舍地面、墙壁用 2%氢氧化钠溶液喷洒消毒，器具也要消毒。

4. 疾病预防　按计划做好免疫接种。

5. 刷拭　每天饲喂后刷拭牛 2 次，刷拭必须全面细致，先从头到尾，再从尾到头，反复刷拭。

第五节　夏南牛高档肉牛的饲养管理

为了解夏南牛高档牛肉的生产性能和水平，研究夏南牛高档牛肉的生产技术，在国家肉牛牦牛产业技术体系的指导、支持下，我们开展了 3 个批次 76 头去势夏南牛的育肥、屠宰、分割及肉质分析试验研究，总结制定出了《夏南牛高档牛肉生产技术规范》。

一、高档肉牛的主要指标

高档肉牛是指经特定肥育达到上等和特等膘情，年龄 30 月龄以内，屠宰体重 650 kg 以上，能分割出规定数量与质量的高档牛肉肉块的牛。

1. 体型　尾根下平坦无沟，尾根两侧脂肪球明显；背平宽，手触摸肩部、胸垂部、背腰部、上腹部、臀部，皮较厚，并有较厚的脂肪层。

2. 胴体　胴体体表覆盖的脂肪颜色洁白；胴体体表脂肪覆盖率 80%以上；胴体外形无严重缺损；脂肪坚实。

3. 牛肉品质

（1）**牛肉嫩度** 肌肉剪切仪测定的剪切力值为 3.62 kg/cm² 以下，出现次数应在 65％以上；咀嚼容易，不留残渣，不塞牙；完全解冻的肉块，用手指触摸时，手指易进入肉块深部。

（2）**大理石花纹** 根据我国试行的大理石花纹分级标准（1 级最好，6 级最差）应为 1 级或 2 级。

（3）**肉块重量** 每条牛柳重 2.0 kg 以上；每条西冷重 5.0 kg 以上，每块眼肉重 6.0 kg 以上；大米龙、小米龙、膝圆、腰肉、臀肉和腱子肉等质优量多。

二、高档肉牛的饲养

（一）育肥期的确定

高档肉牛所需要的育肥时间较长，视牛的肥度而定，一般为 22～24 个月。育肥期可分为增重期和肉质改善期两个阶段。

1. **增重期** 一般 12～14 个月，此期饲养的主要目的是促进肉牛肌肉的生长，尽量增加优质肉块的重量。

2. **肉质改善期** 一般 8～10 个月，此期饲养的主要目的是使肉牛肌纤维间沉淀脂肪。

（二）营养需要与供给

1. **增重期** 育肥牛购进后，需要 1 个月左右的适应期，才能适应以精饲料为主的饲养管理方式；如果是未去势的牛，必须进行手术去势，去势后的恢复期可以作为适应期。适应期内精饲料的饲喂量应由少到多，逐渐增加，7～10 d 达到规定喂量，粗饲料要保持均衡供应，不要轻易更换。

增重期内混合精饲料按育肥牛体重的 1.3％供给，以后体重每增加 100 kg 增加混合精饲料 1 kg；粗饲料以青贮玉米秸秆、花生秸秆、小麦秸秆为主，尽量使用两种以上，让牛自由采食。

精饲料参考配方：棉粕 18.7％，玉米 47.0％，麦麸 31.8％，预混料 1.0％，食盐 1.5％；每吨精饲料加纯瘤胃素 20 g。

2. **肉质改善期** 育肥牛体重达到 500～550 kg 时，即可逐步换成肉质改善期的日粮。此期内，育肥牛的增重逐渐变慢，主要以沉积脂肪为主，且脂肪逐渐向肌纤维间沉积，是形成大理石花纹肉等高档牛肉的时期，因此应给予肉牛高能量日粮。

混合精饲料按育肥牛体重1.7%喂给，以后体重每增加100 kg增加混合精饲料1 kg；粗饲料供给与增重期相同，但要减少青贮秸秆喂量。

在肉质改善期内，由于牛的肥度逐渐增加，加之精饲料的喂量很大，牛食欲会逐渐减退，为增加采食量，最好将各种饲料混合制成颗粒饲料。

精饲料参考配方：玉米52%，豆粕5%，棉粕12.7%，麦麸26.8%，预混料2%，食盐1.5%；每吨精饲料加纯瘤胃素20 g。

（三）饲养技术

1. 饲养方式　采用标准化牛舍内小栏散养，应6～8头牛为1栏；每头牛占用面积10～12 m²。

2. 日粮配制　将各种粗饲料、精饲料，按配方准确称量，用机械搅拌，全部混合均匀后投喂。这种日粮配制方式能保证所有牛吃到统一品质的饲料，发育均衡。

3. 饲喂方式　机械化送料时，春、秋季和冬季可以一次性投料，全天自由采食；夏季天气炎热，应分两次进行投料。

人工投料时，应少添勤喂。根据牛的采食习惯，第一次投料要多，始终保持食槽内有少量的饲料；最后一次投料也要多，满足牛在夜间采食，但第二天早晨食槽内不能有剩料。

4. 供水　建议使用恒温饮水槽。水槽内始终保持有适量清洁饮水，尤其夏季，并严防饮水污染变质。

三、高档肉牛的管理

1. 防疫与保健　兽药使用符合《无公害食品　肉牛饲养兽药使用准则》（NY 5125—2019）的要求；兽医防疫符合《无公害食品　肉牛饲养兽医防疫准则》（NY 5126—2019）的要求。

2. 营造适宜环境　做好夏季防暑、冬季防寒，使育肥牛生活在7～27℃适宜的温度环境中，快速生长发育。夏季搭盖遮阴网，门口安装水帘，保持通风；冬季安装保温取暖设备。

3. **保持牛舍卫生** 及时清除粪便；每天清理牛床、食槽、水槽；杀灭蚊蝇。

4. **注重牛的福利** 每天刷拭 1 次牛体，保证牛体干净；有条件的可安装自动按摩牛体刷。牛床可安装塑胶铺垫，或铺垫草；牛舍地面最好用细沙土，便于防滑，预防牛发生肢蹄病。

5. **适时出栏** 育肥牛年龄达到 27～30 月龄，牛体达到上等膘情，活重 650 kg 以上时，即可出栏屠宰。

第八章
夏南牛疾病防控

第一节　主要传染病的防控

一、口蹄疫

口蹄疫是由口蹄疫病毒引起的偶蹄动物的急性、热性、高度接触性传染病。临床特点为患病动物的口腔黏膜、蹄部与乳房皮肤发生水疱与烂斑，牛常见于口腔与蹄部。

本病在世界各地均有发生，目前在非洲、亚洲和南美洲较严重。因本病传播迅速，感染与发病率高，虽病死率不高，但常引起大规模流行，动物感染本病将导致其生产性能下降约25%。因此，世界各国都特别重视对本病的研究和防制。

（一）流行病学

1. 传染源　病牛是主要的传染源。发病初期的病牛是最危险的传染源，症状出现后的头几天，排毒量最多，毒力最强。病牛排出的病毒量以舌面水疱皮为最多，其次为粪、乳、尿和呼出的气体。痊愈家牛的带毒期长短不一，病牛有50%可能带毒4～6个月，甚至有将康复后一年的牛运到非疫区而引起口蹄疫流行的。

2. 传播途径　直接接触和通过各种媒介物而间接接触传播，消化道是最常见的感染途径。也能经损伤的黏膜和皮肤感染。呼吸道感染更易发生。

3. 易感动物　犊牛比成年牛易感，病死率亦高。

4. 流行特征　本病无严格的季节性，但一般冬季多发，春季减轻，夏季

基本平息。传染性强；传播迅速，流行面大；有一定的流行周期，即每隔1～2年或3～5年流行1次。

（二）临床症状

牛感染后，潜伏期一般为2～7d，最短为24h，最长为14d。病牛体温升高至40～41℃，精神沉郁，食欲减退，反刍停止，流涎和咂嘴，开口时有吸吮声。1～2d后，在唇内、舌面、齿龈和颊部黏膜，以及蹄部柔软部皮肤上，发生大小不一的水疱，小如绿豆、大如拇指，有的相互融合形成更大的水疱。这时病牛流出大量带泡沫的线状口涎，挂满口角及唇边。水疱多于一昼夜破裂，形成边缘整齐、底面浅平的红色烂斑。病牛体温下降，如无继发感染，从溃疡边缘生出新的组织，逐渐愈合；如护理不当，继发细菌感染，可引起深部组织糜烂、化脓和坏死，甚至蹄匣脱落，病牛站立不稳或卧地不起。水疱有时也可发生在乳头和乳房部皮肤、鼻孔及眼睛周围，并形成溃疡，引起局部炎症。本病一般为良性经过，仅口腔发病，1周左右即可治愈。如蹄部发生病变，则病程达2～3周或更长。病死率在1%～3%。

恶性口蹄疫见于犊牛和机体抵抗力弱的病牛在感染强毒时。病毒主要侵害心肌，呈急性心脏停搏死亡。牛发病后高度沉郁、虚弱，肌肉颤抖，心搏加快，节律不齐，反刍停止，步态不稳或卧地不起，很快死亡。犊牛多无特征性水疱和溃烂，有时有出血性胃肠炎症状。恶性口蹄疫的病死率可达25%～50%。

（三）病理变化

本病一般不进行病理剖检。除口腔和蹄部病变外，剖检见于咽喉、食道、气管及瘤胃，尤其是瘤胃肉柱上也有水疱和烂斑，有的被黄色黏液或棕黑色痂块覆盖。真胃和大肠、小肠黏膜有出血性炎症。心肌病变具有特征性，心内、外膜和心肌切面有不规则的灰白色或淡黄色条纹与斑点，称"虎斑心"；心肌松软，似煮过；左心充满凝血块；心外膜有弥散性或点状出血。

（四）诊断

口蹄疫病变典型易辨认，故结合临床症状、流行病学调查不难做出初步诊断。其诊断要点如下。

（1）发病急、流行快、传播广、病牛体温高，发病率高但死亡率低，且多呈良性经过。

（2）病牛大量流涎，呈牵缕状。

（3）病牛口腔黏膜、蹄部和乳头皮肤有水疱、糜烂等特异性病变。

（4）恶性口蹄疫时可见虎斑心。

（5）为进一步确诊可采用动物接种试验、血清学诊断及鉴别诊断等。

在临床上本病应注意与以下病症区别。

（1）牛瘟　病牛的口腔黏膜呈坏死性病变，边缘不整齐且呈锯齿状，无水疱病变，多发生于舌下、颊和齿龈等处；除口腔黏膜坏死外，病牛整个消化道黏膜尤其是第四胃，均有溃疡和坏死性病变；有剧烈的血性下痢，高热稽留，引起大批死亡；蹄部、乳房无病变。

（2）传染性水疱性口炎　本病发病率低，流行范围小，很少有死亡。可用上述病料接种两头牛，一头做舌黏膜接种，另一头做肌肉或静脉接种，如仅前一头牛发病为本病，两头牛均发病为口蹄疫。

（3）牛恶性卡他热　病牛口腔和蹄部不形成水疱，以口、鼻和眼结膜发炎，神经症状和死亡率高为特征；在口、鼻黏膜和眼结膜发生溃烂前不形成水疱；有特征性的角膜浑浊，多散发。

（五）防控措施

无病地区不要从有病地区（或国家）购进动物及其畜产品。来自无病地区的动物及其产品，也应进行检疫。口蹄疫流行的地区和划定的封锁区应禁止人、畜及物品的流动。

口蹄疫常发地区定期注射口蹄疫疫苗，常用的疫苗有口蹄疫弱毒疫苗、口蹄疫亚单位疫苗和基因工程疫苗，注射方法、用量及注射以后的注意事项，必须严格按照疫苗使用说明书执行。免疫所用疫苗的毒型必须与流行的口蹄疫病毒型一致，否则无效。注射疫苗后牛有时会出现不良反应，必须事先做好护理和治疗的准备工作。牛在注射疫苗后 14 d 产生免疫力，免疫力可维持 4～6个月。

一旦发病，应及时报告疫情，划定区域（疫区），同时在疫区严格实施封锁、隔离、消毒、紧急接种等综合措施；在紧急情况下，尚可应用口蹄疫高免血清或康复动物血清进行被动免疫，按每千克体重 0.5～1 mL 皮下注射，免疫

期约 2 周。严格消毒，一般用 2% 氢氧化钠溶液及时清洗污染的场所和用具；病畜粪便、残剩饲料及垫草，应在指定地点堆积发酵。

二、布鲁氏菌病

布鲁氏菌病是由布鲁氏菌属的细菌引起的人和动物共患的一种慢性传染病。其特征是病牛生殖器官和胎膜发炎，引起流产、不育及各种组织的局部病灶。本病广泛分布于世界各地，可引起不同程度的流行。

（一）流行病学

1. 传染源　本病的传染源是病牛和带菌动物（包括野生动物）。其中受感染的妊娠母牛是最危险的。病牛的睾丸及阴囊中也有布鲁氏菌存在。病牛可通过粪、尿、乳向外排菌。流产牛的产道、羊水、胎盘、胎儿、乳汁中含有大量的布鲁氏菌。除发病牛，野生偶蹄类动物、啮齿类可成为本病的传染源。

2. 易感动物　本病的易感动物的范围很广泛，但主要以牛、羊和猪为主。成年动物易感性比幼年动物高，母畜易感性比公畜高。

3. 传播途径　本病可通过消化道、呼吸道、皮肤、创伤、眼结膜和生殖器黏膜传播，主要传播途径是消化道，也可通过污染的饲料与饮水而感染。布鲁氏菌侵袭力很强，可从完整皮肤、黏膜侵入机体。

4. 流行规律　通常为地方流行性。

（二）临床症状

牛感染布鲁氏菌潜伏期为 2 周至 6 个月。有些病牛体温不升高。母牛最显著的症状是流产，流产发生在妊娠的任何时期，最常发生在 6～8 个月。流产前病牛表现分娩预兆，如阴唇、乳房肿大，肋部下陷，乳汁呈初乳性质，阴道黏膜发生粟粒大红色结节，流出灰白色或灰色黏性分泌液；流产时，胎水多清朗，常见胎衣滞留。早期流产的胎儿，通常在产前已经死亡；快到产期流产的胎儿可能是弱胎，一般产后 1～2 d 死亡，不死亡者长期带菌，且易死亡。公牛常见睾丸炎和附睾炎。临床诊断常见的症状还有关节炎，最常见于膝关节和腕关节。如流产后胎衣不滞留，则病牛迅速康复，又能再次受孕，但以后可能再度流产；如胎衣未能及时排除，则可能发生慢性子宫炎，引起母牛长期不育。

（三）病理变化

病牛流产后常继发子宫炎，胎衣呈黄色胶冻样浸润，有些部位覆有纤维蛋白絮片和脓液，有的增厚而杂有出血点；绒毛叶贫血呈苍黄色，或覆有灰色或黄绿色纤维蛋白絮片，或覆有脂肪状渗出物。胎儿主要呈败血症病变，浆膜和黏膜有出血点和出血斑，皮下结缔组织发生浆液性、出血性炎症，胃特别是第四胃中有淡黄色或白色黏液絮状物，胃、肠和膀胱的浆膜下可见有点状或线状出血。病牛淋巴结、脾和肝有不同程度的肿胀，散有炎症坏死灶。公牛发生坏死性睾丸炎，实质化脓灶，鞘膜囊积多量渗出物。病情严重的病牛可出现关节炎、腱鞘炎和滑液囊炎，还可引起关节周围炎。

（四）诊断

布鲁氏菌病常表现为慢性或隐性感染，其诊断和检疫主要依靠血清学检查及变态反应检查。细菌学检查仅用于发生流产的母牛和其他特殊情况。

临诊症状、病理变化不能作为诊断依据，因为很多病有类似症状，如牛弯杆菌病、钩端螺旋体病等。确诊应进行微生物学与免疫学诊断，方法如下。

1. 采样

（1）最好采集整个胎儿，或单取其胃（肠），要扎紧。

（2）母牛胎衣、子宫分泌物、乳汁及局部脓肿液。

2. 动物试验　豚鼠腹腔或皮下接种 10～20 d 后，心脏采血，做血清凝集试验，如滴度在 1：5 以上，可判为阳性，阴性豚鼠继续培养，4 周后采血做血清凝集试验。牛患布鲁氏菌病后，其凝集反应通常出现较早，其次是补体结合反应，变态反应出现较晚，但保持的时间最长。

3. 血清凝集试验

（1）试管凝集试验　牛的血清凝集价为 1：100 判为阳性，1：50 判为可疑。对未出现过布鲁氏菌病的牛场，血清凝集出现阳性，则隔 3～4 周重检，如血清凝集价未上升，则该牛场布鲁氏菌病检验为阴性；如重检时血清凝集价上升，除隔离、消毒外，还应做分离培养，进一步确诊。发生过布鲁氏菌病的牛场，做凝集试验，如 1：100＋＋，则定为阳性；如 1：50＋＋，隔 3～4 周重检查出阳性，则该牛场的牛予以淘汰。

试管凝集试验可出现假阴性和假阳性的非特异性反应。

假阴性原因：①检查时，动物处于潜伏期；②幼年牛，细菌在局部淋巴结活动受限制，抗体滴度低；③母牛怀孕后期，母源抗体随血液循环至乳腺排出；④牛对抗原不敏感，故抗体滴度不高。

假阳性原因：牛感染巴氏杆菌、土拉杆菌、弯杆菌、大肠埃希菌等革兰氏阴性菌，抗体滴度一般在阳性及格，重检可能下降，再检最多维持原来水平。

（2）平板凝集试验　在平板凝集试验中，0.01 mL 抗原血清量的反应相当于试管凝集试验 1∶25 血清稀释液的反应，0.02 mL 相当于 1∶50，0.03 mL 相当于 1∶100，0.04 mL 相当于 1∶200。在 0.02 mL 抗原血清量中的凝集反应判为阳性，在 0.04 mL 中出现凝集反应的判为可疑。

4. 变态反应　部分病牛康复后，相当长时期内仍保持阳性变态反应，因此会有一部分已康复的牛被当做病牛。

（五）防控措施

本病目前尚无有效的治疗方法，必须采取综合性防控措施。

1. 免疫接种　牛可口服布鲁菌病活菌疫苗免疫接种，免疫期 1 年。

2. 定期检疫　疫区一年进行 2 次检疫，检出的病牛及阳性牛，坚决按规定处理；阴性牛则继续饲养，但在 1 年内连续进行 2 次检疫，如无阳性和可疑病例，则为健康群。注意疫区消毒、杀虫和灭鼠。注意母畜产前消毒，分娩要在专用产房。

3. 科学处理病牛　病牛或检疫阳性牛，应坚决淘汰。无症状、检疫阳性牛，建议淘汰处理，宰杀后，生殖器官严格消毒，去势过的动物肉尸与内脏不受限制出入，但母畜肉尸、内脏要高温处理。

4. 培育健康的犊牛　用健康公牛的精液，对健康母牛人工授精；犊牛 5 月龄和 9 月龄各检疫一次，只要出现一次阳性反应，即作为病畜处理。生产用健康犊牛，每年进行一次免疫接种，每年一次免疫接种，即可控制本病发生。

5. 做好引牛管理　养牛要坚持自繁自养，减少引种。凡需要引进，要避免从疫区进牛，所进牛只要隔离 2 个月，并进行 2 次布鲁氏菌病检疫，确认健康后，方能合群。

三、牛结核病

结核病是由结核分枝杆菌引起的一种人兽共患的慢性、消耗性传染病，该病特点是在机体的多组织器官形成结核结节，继而发生干酪样坏死（豆腐渣样）和钙化。结核分枝杆菌分三个型，即牛型结核分枝杆菌、人型结核分枝杆菌和禽型结核分枝杆菌。牛结核病的病原主要为牛型结核分枝杆菌。结核杆菌对外界的抵抗力很强，耐干燥和湿冷，在土壤中可生存7个月，在粪便内可生存5个月，在奶中可存活90 d。但对直射阳光和湿热的抵抗力较弱，60～70℃下经10～15 min 或100℃水中会立即死亡。常用消毒药经4 h 可将其杀死，70％酒精、10％漂白粉、氯胺、石炭酸、3％甲醛等均有可靠的消毒作用。

（一）流行病学

1. 传染源　病牛尤其是开放性结核病病牛为主要的传染源。结核杆菌在机体中分布于各个器官的病灶内，病原随鼻汁、唾液、痰液、乳汁和生殖器官分泌物排出体外，能污染饲料、饮水、空气。

2. 传播途径　主要经呼吸道和消化道传染，成年牛易经呼吸道感染，而青年牛易经消化道感染。呼吸道感染主要由带菌尘埃或气溶胶造成；消化道感染则常因饲草、饲料被污染导致。犊牛感染主要是吮吸带菌的乳汁造成。此外，也可经胎盘传播或交配感染。

3. 易感动物　牛对牛型结核杆菌易感，其中奶牛最易感。

4. 流行特点　本病多为散发或地方性流行。一年四季都可发生。一般说来，舍饲的牛发生较多，牛舍阴暗潮湿、光线不足、通风不良、牛群拥挤、病牛与健康牛同栏饲养及饲料配比不当、饲料中缺乏维生素和矿物质等，均可促使本病的发生和传播。

（二）临床症状

牛结核病病程较长，潜伏期一般为10～15 d，有时达数月以上，多则数年。病程呈慢性经过，病牛表现为进行性消瘦、咳嗽、呼吸困难，体温一般正常。病菌多侵害肺、乳房、肠和淋巴结等。临床上常见的类型有肺结核、乳房结核、淋巴结核、肠结核、神经结核、生殖器官结核。

（1）肺结核　发病的初期，病牛无食欲不振和反刍异常的情况出现。病牛在清晨吸入冷空气或尘埃空气时会出现咳嗽，先为短干咳，后为带痛顽固性干咳；鼻液呈黏性、脓性、灰黄色，呼出气有腐臭味；呼吸出现困难，呈伸颈仰头状，呼吸声似"拉风箱"；听诊肺区有干性或湿性啰音，叩诊肺区有半浊音

或轻浊音。病牛身体瘦弱，有贫血症状；当发展成弥散性肺结核病时，病牛体温升高达 40℃，呈弛张热或间歇热；体表淋巴结肿大；当纵隔淋巴结肿大压迫食道时，可见慢性瘤胃臌气。

（2）乳房结核　病牛乳房淋巴结肿大，但无热痛，乳房表面不平整；乳量渐少或停乳，乳汁稀薄，有时混有脓块。

（3）淋巴结核　各种结核病的附近淋巴结都可能发生病变，多发生于病牛的体表，可见局部淋巴结硬肿变形，有时有破溃，形成不易愈合的溃疡。淋巴结肿大，无热痛，常见于肩前、股前、腹股沟、颌下、咽及颈部淋巴结等。喉后部位的淋巴感染会出现咽喉压迫、呼吸声音粗厉；纵隔淋巴结肿大会有瘤胃臌气症状；肩前和股后淋巴结肿大会有跛行症状。

（4）肠结核　多见于犊牛，以便秘与下痢交替出现或顽固性下痢为特征。病牛呈现前胃弛缓症状，迅速消瘦，继而发展为顽固性下痢；粪便呈稀粥状，混有黏液或脓性分泌物；全身乏力，肋骨显露；当波及肝、肠系膜淋巴结等腹腔器官组织时，直肠检查可以辨认。

（5）神经结核　病牛中枢神经系统受侵害时，在脑和脑膜等可发生粟粒状或干酪样结核，常引起神经症状，如癫痫样发作，运动障碍，站立颤抖，惊恐；病情发展后还会有昏迷、心律失常等症状产生。

（6）生殖器官结核　可出现性机能紊乱，母牛发情频繁且表现性欲亢进，慕雄狂与不孕，孕牛流产；公牛附睾及睾丸肿大，阴茎前部可发生结节、糜烂等。

（三）病理变化

病变可发生在病牛的所有内脏器官，最常见的是肺、胸膜、肠系膜淋巴结。感染早期，可在肺门部位及肺门淋巴结见到干酪样坏死或钙化的病灶；感染中后期，可在胸膜、胸腔见到"珍珠状"增生，形成所谓的"珍珠胸"。在肠系膜可见到串珠状淋巴结肿大。

（四）诊断

根据临床症状和病理变化可做出初步诊断，确诊需进一步做牛型提纯结核菌素皮内变态反应试验。出生后 20 d 的牛即可用本试验进行检疫。

操作方法：

（1）注射部位及术前处理　将牛编号后在颈侧中部上 1/3 处剪毛（或前

1 d 剃毛），3 个月以内的犊牛也可在肩胛部进行，术部直径约 10 cm。用卡尺测量术部中央皮皱厚度，做好记录。注意，术部应无明显的病变。

（2）注射剂量　不论大牛或小牛，一律皮内注射 0.1 mL（含 2 000～5 000 IU）冻干提纯结核菌素，稀释后当天用完。

（3）注射方法　先以 75％酒精消毒术部，然后皮内注射定量的牛型提纯结核菌素，注射后局部应出现小包；如注射有异常时，应另选 15 cm 以外的部位或对侧重注射。

（4）观察反应　皮内注射后经 72 h 判定，仔细观察局部有无热痛、肿胀等炎性反应，并以卡尺测量皮皱厚度，做好详细记录。对疑似反应牛应立即在另一侧以同一批提纯结核菌素、同剂量进行第 2 次皮内注射，再经 72 h 观察反应结果。对阴性牛和疑似反应牛，于注射后 96 h 和 120 h 再分别观察 1 次，以防个别牛出现较晚的迟发型变态反应。

（5）结果判定

①阳性反应　局部有明显的炎性反应，皮厚差大于或等于 4.0 mm。

②疑似反应　局部炎性反应不明显，皮厚差大于或等于 2.0 mm，同时小于 4.0 mm。

③阴性反应　无炎性反应。皮厚差在 2.0 mm 以下。

凡判定为疑似反应牛，于第 1 次检疫 60 d 后进行复检，其结果仍为疑似反应时，经 60 d 再复检，如仍为疑似反应，应判为阳性。

（五）防控措施

牛结核病的防控，主要采取综合性防控措施，防止疫病传入，净化污染牛群。

1. 疫情处置

（1）报告　任何单位和个人发现疑似病牛，应当及时向当地动物防疫监督机构报告。

（2）隔离　确诊前对疑似患病动物应立即隔离；确诊后对受威胁的牛群实施隔离，可采用圈养和固定草场放牧两种方式隔离。

（3）扑杀　对患病牛全部扑杀。

（4）无害化处理　病死和扑杀的病牛，要进行无害化处理。

（5）消毒

①临时消毒　对病牛和阳性牛污染的场所、用具、物品进行严格消毒。牛

场的金属设施、设备可采取火焰、熏蒸等方式消毒；牛场的圈舍、场地、车辆等可选 2%氢氧化钠溶液等有效消毒药消毒；牛场的饲料、垫料可采取深埋发酵处理或焚烧处理；粪便采取堆积密封发酵方式。

②经常性消毒 每年进行 2～4 次彻底消毒。牛场及牛舍出入口处，应设置消毒池，内置有效消毒剂，如 3%～5%来苏儿溶液或 20%石灰乳或 3%氢氧化钠溶液等。消毒药要定期更换，以保证一定的药效。牛舍内的一切用具应每 10 d 消毒 1 次，在消毒后 2～6 h 用清水冲洗后再使用。运动场先清扫后消毒，每月 1 次，可用生石灰消毒，亦可以采用更换表土（深 30 cm）的方法。产房每周进行 1 次大消毒，分娩室在临产牛生产前及分娩后各进行 1 次消毒。

每次发现病牛或结核菌素阳性牛要进行 1 次全面消毒；进出车辆与人员要严格消毒。

2. 预防措施

（1）防止结核病传入 无结核病健康牛群，每年春、秋季各进行 1 次变态反应检疫。补充家畜时，先进行产地检疫，确认阴性方可引进；引进牛隔离观察 1 个月以上再进行检疫，阴性者才能合群。

（2）净化污染牛群 污染牛群是指多次检疫不断出现阳性牛的牛群。对污染牛群，每年进行 4 次以上检疫，检出的阳性牛及可疑牛立即分群隔离为阳性牛群与可疑牛群。剔除阳性牛及可疑牛后的牛群，应间隔 1～1.5 个月检疫 1 次，连检 3 次均为阴性者，则可放入假定健康牛群。假定健康群为向健康群过渡的畜群，当无阳性牛出现时，在 1～1.5 年的时间内 3 次检疫，全是阴性时，即改称为健康群。对阳性牛，一般不做治疗，应及时扑杀，并进行无害化处理。对发现的可疑病牛，要加强监控，进行隔离饲养观察，同时复检确诊，并无害化处理可疑病牛在隔离饲养期间生产的牛乳。

（3）做好养殖场管理 牛舍环境内外均要采取消毒处理，将传染源切断，控制传播途径。牛舍内的饲养需要单一化，避免多种牲畜共同圈养形成的交叉感染。养殖人员定期接受健康检查，防治人畜之间的交叉感染。

（4）培养健康犊牛群 病牛群更新为健康牛群的方法是设置分娩室，分娩前消毒乳房及后躯，产犊后立即与乳牛分开，用 2%～5%来苏儿消毒犊牛全身，擦干后送预防室，喂健康牛乳或消毒乳。犊牛应在 6 个月隔离饲养期检疫 3 次，阳性牛淘汰，阴性牛且无任何临床症状者，放入假定健康牛群。

四、牛运输应激综合征

牛运输应激综合征是由支原体引起的、继发多种细菌感染的、以呼吸道疾病为主要症状的一系列非特异性病理反应，长途运输、饥渴、拥挤、混群、环境突变等容易诱发本病。据调查，肉牛异地运输诱发运输应激综合征的发病率达 40%～60%，部分地区高达 100%，加之用药不合理，导致较高的死亡率，给许多养殖户造成巨大的经济损失。

引起牛运输应激综合征的病原主要是牛支原体、细菌性病原和病毒性病原，另外还有多杀性巴氏杆菌和曼氏溶血杆菌，大肠埃希菌、沙门氏菌等继发感染将进一步加重病情。

牛支原体是引发牛运输应激综合征的主要病原。牛支原体既可导致牛的急性呼吸系统疾病，还可导致持续感染，以慢性支气管肺炎伴有肺干酪样或凝固性坏死病变为病理特征。牛支原体常与细菌、病毒协同作用，环境因子如天气、通风不良、过度拥挤、运输等将加剧病情。

（一）流行病学

本病多为经过长途运输到达目的地后 15 d 内，牛群出现较大规模的发病，发病率在 30%～100%，死亡率在 30% 左右。长途贩运所致的多种应激原，如热、冷、饥、渴、挤压、惊吓、颠簸、体力耗费、环境改变、潜在疾病等导致牛抵抗力下降，病原微生物如支原体、巴氏杆菌、大肠埃希菌等乘虚而入，引起牛呼吸道、消化道，乃至全身的病理性反应。

在牛抵抗力低下的情况下，流感病毒被认为会最先感染机体，因为本病发病急且快速，病牛初期表现高热 40～42℃，精神委顿，眼结膜充血，流泪，有黏液性鼻液，流涎，鼻镜干燥，不食，反刍停止等都为流感的典型症状；在此情况下，易继发支原体感染等，导致更为严重的呼吸症状，病牛表现为咳喘明显，剧烈干咳，呼吸急促等，病情恶化。

（二）临床症状

新从外地引进的肉牛经长途运输后，在牛群进场第 2 天开始发病。

1. 前期　病牛表现体温升高至 40～42℃，流鼻涕，精神沉郁，食欲减退，被毛粗乱。

2. 中期 随病情的发展，病牛咳喘明显，特别在清晨最为突出，剧烈干咳，呼吸急促；眼、鼻都有黏液分泌物，流黏性或脓性鼻液；逐渐出现腹泻、血便，严重者血便中混有肠黏膜。部分牛有关节肿大、跛行、关节脓肿等症状。

3. 后期 病牛呼吸困难，肺部听诊呈湿啰音或哨音，食欲废绝，极度消瘦，甚至出现心衰死亡。

（三）病理变化

主要病理变化出现在呼吸系统：①气管壁上有出血点、充血斑；②肺与纵隔、胸腔粘连；③胸腔内有大量纤维性渗出液或脓性液体，有些出现肺与胸腔粘连，腹腔内有中量的淡黄色积液；④大部分牛肺部有干酪样坏死灶或化脓性坏死灶；⑤真胃内壁上有许多条状溃疡灶，瘤胃后囊内壁无绒毛；⑥部分肾乳头有小坏死灶。

（四）诊断

根据流行病学、临床症状、病理变化，不难做出初步诊断。

（五）治疗

"早诊断，早治疗"是有效控制该病的基本原则。有牛场证实，在牛群引进后立即进行全群治疗，可明显降低发病率与死亡率。

1. 药物治疗 对发热达到 40℃ 的病牛每天肌内注射热毒冰针 15 mL，每天 1 次，退热后停用；生理盐水 500 mL，头孢诺奇 15 g；10％ 葡萄糖 500～1 000 mL，惠瑞顶峰 50 mL，地塞米松 30～50 mg。以上方案每天 1 次，疗程为 1 周，头孢诺奇和惠瑞顶峰、地塞米松可肌内注射，也可静脉滴注，静脉滴注效果最佳。

2. 加强对患牛的护理 对肺炎且腹泻的患牛要及时输液，维持其体内电解质和酸碱平衡，但输液速度一定要慢，否则容易引起肺水肿及心脏负担过大而出现心率异常。对整个牛群添加黄芪多糖及电解多维等增强抵抗力。

（六）防控措施

1. 选择适宜的运输季节 肉牛运输在春、秋季进行较为适宜，牛出现应激反应比其他季节少。夏季运输应在车厢上安装遮阳网，减少阳光直接照射；冬季运输要在车厢周围用帆布挡风防寒。

2. 选择合适的运输车辆与车型　选用货车运输较为合适，肉牛在运输途中只需装卸各1次即可到达目的地，对肉牛应激反应比较小，且便于途中检查牛群的情况。车型要求：使用高护栏敞篷车，护栏高度应不低于1.8 m，车身长度根据运输肉牛头数和体重进行选择；同时还要在车厢靠近车头的顶部，用粗的木棒或钢管捆扎一个约1 m² 的架子，将饲喂的干草堆放在上面。

3. 做好车厢内的防滑工作　在肉牛上车之前，必须在车厢地板上放置干草或草垫（厚20～30 cm），并铺垫均匀，能有效做到汽车紧急刹车时肉牛不会向前滑动。

4. 准备好饮水桶和草料　在肉牛装车之前应准备胶桶或铁桶2个，不要使用塑料桶。另外还要准备1根长10 m左右的软水管，便于停车接水。草料要根据路程，备足备好，只多不少。将干草放在车厢的顶部，用雨布或塑料布遮盖，防止路途中遇到雨水浸湿而发霉变质。

5. 准备适当的防治药物

（1）抗菌药　选择环丙沙星、泰乐菌素、替米考星、瑞可新、四环素、多西环素、红霉素、支原净、沃尼妙林、氟苯尼考中的任何一种均可，一般2～3 d用药1次，肌内注射。无论选用哪种药物，都必须足量、足疗程、及时应用，不能稍有好转就停药，临床反馈该病的复发率高，不合理用药是最重要原因。

（2）维生素及矿物质元素

①传统的口服补液盐　氯化钠3.2 g、氯化钾1.2 g、碳酸氢钠2.2 g、葡萄糖20 g，加凉开水至1 000 mL。

②新型口服补液盐　甘氨酸6.18 g、无水柠檬酸0.48 g、柠檬酸一水合物0.12 g、磷酸二氢钾4.08 g、氯化钠8.15 g、一水葡萄糖44.61 g，混溶于2 000 mL凉开水。

（3）中药　100％纯中药提取液"菌毒清"，按1∶100稀释后饮水预防。对已发病牛按每千克体重0.4 mL的用量，2次/d，连用7 d。

6. 加强肉牛运输过程的饲养管理

（1）在运输之前，应该对待运的肉牛进行健康状况检查，体质瘦弱的牛不能进行运输。要对车辆、装卸台等用具用强力消毒灵、新洁尔灭、生石灰等彻底消毒。

在运输前 2～4 h 应停喂有轻泻性的饲料如青贮饲料、鲜草（豆科草类）、麸皮等。宜少喂精料，并使保持牛半饱的状态，可给每头牛饮用添加口服补液盐或中药"菌毒清"的溶液 2～3 L。运输前（装车前）选择抗菌药任意一种，如氟苯尼考 1 g/头，肌内注射。

（2）在刚开始运输的时候应控制车速，让牛有一个适应的过程，在行驶途中规定车速不能超过每小时 80 km，急转弯和停车均要先减速，避免紧急刹车。

被运牛间隔 6～10 h 提供饮用添加口服补液盐或中药电解多维或黄芪多糖的溶液（2～4 次/d），可交替饮用也可混合饮用；成年牛每头每天采食 3～4 kg 优质青干草，饮水比给料更重要，牛可以给水不给料，但不宜只喂料不给水。

（3）由于突然改变饲养环境，车厢内活动空间受到限制，青年牛应激反应较大，免疫力会下降。因此，在汽车起步或停车时要慢、平稳，中途要匀速行驶。长途运输过程中每行驶 2～5 h 要停车检查 1 次，最大限度地减少运输引起的应激反应，确保肉牛能够顺利抵达目的地。

（4）在运输途中发现牛患病，或因路面不平、急刹车造成肉牛滑倒而关节扭伤或关节脱位，尤其是发现有卧地牛时，不能对牛粗暴地抽打、惊吓，应用木棒或钢管将卧地牛隔开，避免其他牛只踩踏。要采取简单方法治疗，主要以抗菌、解热、镇痛为主，针对病情用药。

7. 做好肉牛运输到达终点后的工作

（1）将牛安全地从车上卸下，赶到指定的牛舍中进行健康检查，挑出病牛，隔离饲养，做好记录，加强治疗，尽快恢复患病牛的体能。

（2）特别注意避免牛暴饮暴食。可在饮水中加入适量电解多维、葡萄糖及安乃近或头孢类药物，有利于牛恢复生产体能。

（3）新购回的肉牛在单独圈舍进行健康观察和饲养过渡 10～15 d。第 1 周以粗饲料为主，少加精饲料；第 2 周开始逐渐加料至正常水平，同时结合驱虫，确保肉牛健康无病及检疫正常后，再转入大群。

此外，不得从疫区或发病区引进牛。对引进牛群应提前做好口蹄疫、支原体病、牛结核病等的检疫防疫工作，牛装车前不能注射任何疫苗，避免引起应激反应，降低牛的抵抗力。可以注射从健康牛体内提取的高免血清 10～20 mL，能够起到非常好的紧急预防作用。牛群引进后应隔离观察 30 d 左右，确保无病后方可与健康牛混群。

五、犊牛白痢

犊牛白痢又称为犊牛大肠埃希菌病，是由特定血清型病原性大肠埃希菌引起的初生犊牛的一种急性传染病。临床上以白痢和败血症为特征，如防治措施不及时，死亡率较高。春季昼夜温差大，如母牛体弱，营养不良，极易引发本病。

（一）流行病学

该病主要发生于出生后 2 周内的犊牛，呈散发或地方性流行，全年均可发生，以冬、春季多发。传播途径以消化道为主，也有子宫内感染和脐带感染。大肠埃希菌为条件性致病菌，犊牛受营养不良、饲喂初乳不及时、厩舍阴暗潮湿、饲养密度过大、喂乳用具不洁、气候寒冷等因素影响，使机体抵抗力下降而引发本病。另外，病原性大肠埃希菌在犊牛的肠道内或组织器官中（败血症时）大量繁殖，使病菌毒力增强，并随排泄物散布于外界环境，引起新的感染。

（二）临床症状

本病可分败血型、肠毒血型、肠炎型。

1. 败血型　犊牛常在出生后 3 d 内发病，呈急性过程，常于发病后数小时或 1 d 内死亡，死亡率可达 80% 以上。多数病牛有腹泻，粪似蛋白汤样，淡灰白色，有时伴有体温升高、精神不振等症状。耐过败血时期的犊牛，1 周后可能出现关节炎、脑膜炎或脐炎。

2. 肠毒血型　是由于特异血清型的大肠埃希菌在小肠内大量繁殖，所产生的肠毒素被吸收进入血液所致，较少见，病程为 2～6 h，病牛未见症状而突然死亡；有些病程略长，可见典型的中毒性神经症状，病牛先兴奋，后抑郁，最后昏迷而死，死前多有腹泻症状。

3. 肠炎型　最常见发生于 2～3 周龄的犊牛，尤其是 1～3 日龄的犊牛容易感染此病。病初犊牛的体温升高至 40℃，数小时后开始下痢，最初排出的粪便呈淡黄色，粥样，有恶臭，继而呈水样，淡灰色，混有血凝块，血丝，气

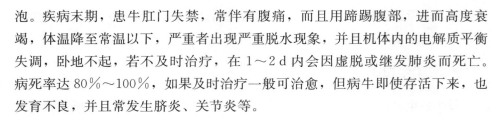

泡。疾病末期，患牛肛门失禁，常伴有腹痛，而且用蹄踢腹部，进而高度衰竭，体温降至常温以下，严重者出现严重脱水现象，并且机体内的电解质平衡失调，卧地不起，若不及时治疗，在 1～2 d 内会因虚脱或继发肺炎而死亡。病死率达 80%～100%，如果及时治疗一般可治愈，但病牛即使存活下来，也发育不良，并且常发生脐炎、关节炎等。

（三）病理变化

病牛肠胃黏膜发生卡他性、出血性炎症；肠系膜淋巴结肿大；心内、外膜出血；肝、肾肿大、变性，有坏死灶。病程长的病例有关节炎和肺炎病变。

（四）治疗

1. 抗菌消炎　病牛口服磺胺脒，按每千克体重 3 mg，每天 3 次连服 3 d；肌内注射庆大霉素、土霉素、链霉素和新霉素，用量按每千克体重 10～30 mg，每天 2 次，连注 3 d。

2. 补充体液　当病牛有食欲或能自吮时，可口服补液盐，即氯化钠 1.5 g、氯化钾 1.5 g、碳酸氢钠 2.5 g、葡萄糖 20 g，兑温水 1 000 mL，搅匀后饮用。饮用剂量：轻度脱水按每千克体重 60～90 mL；中度脱水按每千克体重 90～110 mL；重度脱水按每千克体重 120 mL。不能吮吸时，可用 5% 葡萄糖生理盐水或复方氯化钠液 1 000～1 500 mL，静脉注射；发生酸中毒时，加 5% 碳酸氢钠溶液 80～100 mL，但注射速度应缓慢。

3. 调节胃肠机能　可用乳酸 2 g、鱼石脂 20 g，加水 90 mL 调匀，每次灌服 5～6 mL，每天 2～3 次；也可用复方新诺明按每千克体重 55～60 mg 内服，隔 2～3 h 再用乳酸菌素片 5～10 片，乳酶生片 5～10 片，一次灌服，每天 2 次，连用 2～3 d。

4. 调整肠道菌群平衡　待病情好转时，应停止应用抗生素，酌情应用乳酶生、促菌生等调整肠道微生态平衡，有利于犊牛早日康复。

5. 适时止泻　口服 5～10 g 次碳酸铋，或 50～100 g 白陶土，或 10～20 g 活性炭，也可进行灌肠，排出肠内有毒物质。

（五）防控措施

1. 做好怀孕母牛的饲养管理　合理饲喂怀孕后的母牛，保证母牛和胎儿对营养物质的需求，勿使孕牛过饥或过饱，确保孕牛有良好的营养水平，尤其要注意孕牛产前30 d的营养搭配，粗、精饲料干物质的比例应由65：35调整为60：40。另外，孕期应保证孕牛适量的运动，以生下体重大、健康、抗病力强的犊牛；而且能保证母牛产后能分泌充足良好的乳汁，以满足犊牛的营养需要，降低犊牛发病率。

2. 犊牛吃足初乳　犊牛出生1 h内，要让犊牛哺足初乳，增强其抗病能力。

3. 保持牛舍卫生　母牛临产时用温肥皂水洗去乳房周围污物，再用淡盐水洗净擦干。坚持对牛舍、牛栏、牛床、运动场和环境用2%来苏儿或5%福尔马林彻底消毒。保持牛舍通风，干燥，清洁。

4. 加强犊牛护理　防止犊牛受潮和受寒风侵袭；避免犊牛乱饮脏水，以减少病原菌的入侵机会。一旦发现病犊牛，立即隔离治疗。

第二节　常见普通病的防治

一、前胃弛缓

前胃弛缓是前胃的兴奋性降低，收缩力减弱的疾病。临床上以病牛食欲减退、反刍障碍、前胃蠕动功能减弱或停止为特征。

(一) 发病原因

(1) 长期饲喂劣质难以消化的饲料，如豆秸、甘薯蔓、糠秕、稿秆等，强烈刺激胃壁，在饮水不足时，前胃内容物易缠结成难以移动的团块，影响瘤胃微生物的消化活动，从而发生前胃弛缓。

(2) 长期饲喂柔软刺激性小或缺乏刺激性的饲料，如麸皮、面粉、细碎精饲料等，不足以兴奋前胃功能，导致发生前胃弛缓。

(3) 饲喂品质不良的草料，如发霉变质的青草、青贮饲料、酒糟、豆腐渣等，或草料突然变换，前胃功能一时不适应从而发生前胃弛缓。

(4) 由于血钙水平降低，引起原发性前胃弛缓。

(5) 管理不当，尤其是运动不足，也是促使牛前胃弛缓发生的主要因素。

(二) 临床症状

牛前胃弛缓在兽医临床上可分为急性型和慢性型。

1. 急性型　急性前胃弛缓，病牛先是食欲减退，进而多数食欲废绝，反刍无力、次数减少，甚至停止。瘤胃蠕动音减弱或消失。网胃和瓣胃蠕动音减弱。瘤胃触诊，其内容物松软，有时出现间歇性臌胀。病初一般粪便变化不大，随后粪便坚硬，色暗，被覆黏液；继发肠炎时，排棕褐色粥样或水样粪便。

2. 慢性型　慢性前胃弛缓症状与急性相似，但病程较长，病势起伏不定。病牛精神沉郁，鼻镜干燥，食欲减退或拒食、偏食，异嗜，经常磨牙，反刍逐渐弛缓，嗳气减少，嗳出的气体常带臭味。瘤胃蠕动音减弱或消失，其内容物松软或呈坚硬感，多见慢性轻度瘤胃臌胀。肠音显著减弱，粪便干硬色暗，呈黑色泥炭状或排恶臭的稀便。随着病情的发展，病牛逐渐消瘦，贫血，被毛粗乱，皮肤干燥，眼球凹陷，鼻镜皲裂，甚至卧地不起。

（三）诊断

在临床上，根据病牛食欲减退，反刍阻碍，瘤胃蠕动音减弱，必要时结合检测瘤胃内容物 pH 和计算纤毛虫数量，一般容易诊断。

（四）治疗

本病的治疗原则是加强护理，增强瘤胃功能。

1. 加强护理　病初宜控制日粮喂量 1～2 d，多饮清洁水，多次少量喂给牛优质干草和易消化的饲料，使牛适当运动。

2. 增强瘤胃功能　为了兴奋瘤胃蠕动功能，通常先服缓泻止酵剂，而后应用兴奋瘤胃蠕动的药物。常用硫酸钠 500 g，松节油 30～40 mL，清洁水 4 000～5 000 mL，混合后一次内服；或液状石蜡 1 000～2 000 mL，苦味酊 20～40 mL，混合后一次内服。使用兴奋瘤胃蠕动的药物，宜用偏碱性药物，如人工盐 60～90 g，或碳酸氢钠 250～500 mL，1％安钠咖注射液 20～50 mL，一次静脉注射，每天 1 次，效果很好；或用偏酸性药物，如苦味酊 60 mL，稀盐酸 30 mL，番鳖酊 15～25 mL，酒精 100 mL，清洁水 5 000 mL，一次内服，每天 1 次，连用数天。

如果是由于血钙水平降低而引起的原发性前胃弛缓，可用 10％氯化钠注射液 100～200 mL，或 10％氯化钙注射液 100～200 mL，配合 20％安钠咖注射液 10 mL，静脉注射，对提高牛血钙水平、促进前胃运动效果良好。

为改善牛瘤胃微生物学环境，提高纤毛虫活力，最好是用胃管先给健康牛灌服生理盐水 8 000～10 000 mL，而后吸取其瘤胃液 2 000 mL，一次内服。

二、瘤胃臌气

牛采食了大量容易发酵的豆科牧草、露水青草、腐败的饲料、块茎类饲料等，可使瘤胃臌气。

（一）临床症状

病牛腹部胀大，腹痛不安，不断回顾腹部，摇动尾巴，踢腹，时起时卧，不食草料，反刍停止，呼吸困难，张口伸舌，口流泡沫。末期病牛站立不稳，不断呻吟，最后窒息或心脏停搏而死。重症牛病情发展快，常于数小时内死亡。

（二）防治措施

1. 预防　不让牛采食豆科牧草，不喂有露水的青草、腐败或霉坏的饲草饲料。由冬、春季舍饲转为放牧采食青草时，每天先喂给牛部分稻草，使其渐渐适应青饲。

2. 治疗　以排出气体、减轻压力、止酵和恢复瘤胃机能为原则。肌内注射新斯的明 10 mg。急性瘤胃臌气实行瘤胃穿刺放气；轻症将牛牵至斜坡，使牛头向上，横置一光滑木棒于口角中，以绳固定于耳根后，放少许食盐于舌根，并按摩右肋至牛排气接近正常为止。

三、感冒

感冒是由于牛受到风寒侵袭而引起的以上呼吸道炎症为主的急性、热性、全身性疾病。该病无传染性，一年四季均可发病，但以早春、晚秋季节较为多见。

（一）临床症状

病牛精神不振，头低耳聋，结膜潮红，怕光流泪，皮温不匀，耳尖、鼻端和四肢末端发凉，鼻塞不通、咳嗽，体温升到 40℃ 以上，食欲减退或废绝，反刍减少或停止，粪便干燥，皮毛竖立，全身颤抖。

（二）诊断

根据病因调查和身颤肢冷、皮温不匀、鼻流清涕等主要症状，即可确诊，但必须与流行性感冒相区别。如体温突然升高达 40℃ 以上，传播迅速，眼结膜和消化道黏膜有卡他性炎症，以及结膜黄染等症状，则为流行性感冒。

（三）治疗

治疗以解热、镇痛为主。可肌内注射安基比林或安痛定，或安乃近 20～40 mL，每天 2 次。病情较重者，可用磺胺类药物和抗菌药，氨基比林 20～40 mL，青霉素 100 万～200 万 U，链霉素 100 万 U，混合肌内注射，每天 2 次。

四、母牛子宫内膜炎

母牛子宫内膜炎为子宫黏膜急性发炎，如不及时治疗，炎症易扩散，引起子宫肌炎、子宫浆膜炎或子宫周围炎，并常转化为慢性炎症，导致母牛不孕。子宫内膜炎是造成母牛不孕的主要原因之一，严重影响母牛的繁殖与受胎率，而且增加饲料消耗和治疗费用，造成巨大的经济损失。

（一）发病原因

1. 胎衣不下　是引起产后子宫感染的主要原因之一。胎衣剥离不净、胎衣腐败及手术分离胎衣时造成子宫黏膜损伤，均为病原微生物的侵入和生长创造了条件。

2. 操作不当　人工授精操作人员不按配种操作规程输精，配种器械和母畜外阴部消毒不严格或不消毒，在直肠检查后不清洗外阴就输精，输精时手捏子宫颈过于用力，粗暴输精等不合理操作，为病原菌侵入子宫创造了条件。

3. 饲养管理不当　饲养管理粗放，饲料单一，缺乏钙盐及其他矿物质和维生素，致使母牛体质下降，加之牛舍阴冷潮湿和粪尿严重污染，造成子宫内膜炎发生率增高。

4. 其他疾病引发　难产、子宫脱出、流产、发炎、子宫复旧不全等都可并发子宫内膜炎。

（二）临床症状

子宫内膜炎根据病情的急缓和临床症状的轻重，可分为急性子宫内膜炎、脓毒血症子宫内膜炎、慢性化脓性子宫内膜炎和隐性子宫内膜炎四种。

1. 急性子宫内膜炎　常发于母牛产后 2～3 d，多由产后内源性或外源感染引起，以卡他性炎症为特点。病牛基本表现全身症状，体温略升高（39.85～40.9℃），食欲明显减退（个别废止），精神不振，常努责作排尿状，由阴门排出炎性黏液，后期排出脓性分泌物，卧地时排出量更多。做直肠检查时，子宫松弛，有波动感，稍用力按压子宫，部分病牛有黏稠状褐色或灰白色分泌物排出。

2. 脓毒血症子宫内膜炎　通常在母牛产后 7～10 d 内发生，病牛全身症状明显，食欲废绝，胃肠蠕动停滞。阴门可见子宫分泌物，其颜色多数为琥珀色或暗红色，稀薄呈液态，有脓，少有黏液，气味极为恶臭。直肠检查，子宫积液且呈弛缓状态，有明显波动感。轻按子宫，恶臭的子宫分泌物很快由阴门排出。

3. 慢性化脓性子宫内膜炎　病牛精神不振，食欲减退，泌乳量下降，经常弓腰努责作排尿状，不时由阴门排出大量赤白相间、黏稠的脓性分泌物，并有特殊腥臭味。当病牛卧地时，子宫内分泌物大量流出，阴门周围及尾根均被污染。直肠检查，子宫角增大，宫壁厚薄不均匀，子宫颈开放呈松弛状态。患慢性子宫内膜炎的母牛，一般均表现为性周期不规律，发情微弱，不发情或一旦发情就形成持续发情症状。

4. 隐性子宫内膜炎　多发于母牛产后 1 个月以后，病牛不表现明显症状，性周期、发情、排卵正常，但是屡配不孕或配种后流产。在发情时和配种直肠检查时，从阴门排出混浊黏液或带有脓汁点块的透明黏液。当子宫颈口闭锁时，就会形成子宫蓄脓。

（三）防治措施

1. 预防

（1）在人工授精前，对输精针、注射器、输精员手臂、母牛外阴等必须严格消毒，严格遵守人工授精操作规程。输精时做到仔细准确，把握方法得当，动作轻柔，避免造成子宫、子宫颈等不必要的损伤。

（2）在胎衣不下、子宫脱出、宫颈炎等生殖器官疾病时，要采取速诊速治的原则，尽快治愈，防止诱发本病，同时做好外阴的消毒和病牛的护理。产后12 h 内胎衣不下者应及时手术剥离，术后用抗菌消炎药物灌注子宫，防止细菌感染诱发本病。

（3）人工和器械助产时，切忌动作粗暴，用力过猛，应本着保全原则，耐心、细致助产，尽量避免对子宫、产道造成损伤。

（4）患子宫内膜炎时，由于子宫多数不发生形态上的变化，直肠和检查不易发现，而且发情多数正常，此时盲目输精并不能怀孕。因此，凡通过 3 次以上正常配种未怀孕的母牛，应及早治疗。

2. 治疗

（1）用青霉素 80 万 U，链霉素 100 万 U，生理盐水 10 mL 冲洗子宫。用药方法：用直肠把握输精法将药物注入子宫腔，同时轻轻按摩子宫，使药物与子宫充分接触，每天 1 次，连用 4～6 次。

（2）用 0.9％生理盐水 500 mL 加温至 38～40℃，冲洗子宫，然后用输精器吸取鱼腥草注射液 20 mL，采用直肠把握输精方法一次输入子宫腔，每天 1 次，连用 3 次。

（3）对急性、脓毒血症、慢性化脓性子宫内膜炎，在采用上述方法冲洗子宫的同时，应用宫糜灵（复方红花丹参溶液，由蒲公英、丹参、红花、益母草、川芎等药物组成，具有清热解毒、活血化瘀、抗菌消炎、祛腐生肌、消肿排脓的功效，对子宫内膜炎等母畜生殖系统疾病有很好的治疗作用）30 mL 子宫内灌注，每天 1 次，直至痊愈为止。

（4）对没有明显症状，但多次配种不受胎的母牛，采用子宫冲洗法。主要方法是：采用 0.1％高锰酸钾溶液适量冲洗，然后向子宫腔内注入 80 万 U 的青霉素钾 2～3 支。

（5）子宫内灌注给药，药物直接作用于病变部位表面，吸收迅速，见效快，对本病是一种直接的首选疗法。但该方法对施术技术人员要求较高，除严格按照人工授精操作规程操作外，必须要对疾病判断准确，施术时要细致、轻柔。

五、犊牛肺炎

犊牛肺炎可由条件性致病菌和特定性致病菌引起，是犊牛的三大疾病之一，也是犊牛的一种多发病和常发病，是附带有严重呼吸障碍的肺部炎症性疾患。初生至 2 月龄的犊牛较多发生，一旦肺部出现感染，可导致犊牛呼吸困难，精神沉郁，食欲减退或废绝，身体逐渐消瘦，抵抗力下降，继发其他疾病，如果得不到及时有效的治疗，会导致死亡，给牧场带来严重的经济损失。

（一）发病原因

1. 犊牛舍环境因素

（1）温度不适宜　冬季气候寒冷，尤其圈舍环境温度低于－10℃时，如果犊牛卧床垫草薄，或没有垫草，雾气严重及受冷风侵袭，而且舍内没有增温措施时，易造成犊牛感冒，治疗不及时就会继发肺炎。春、秋季舍内昼夜温差较大，犊牛受到冷热交替刺激也容易发病。夏季犊牛舍温度过高，不注意降温除湿，可导致犊牛呼吸系统疾病。犊牛最适宜的温度为 10～20℃，当气温超过 27℃时，犊牛就会出现热应激反应，导致免疫力降低，发生中暑，高热，继发肺炎。

（2）卫生差　犊牛舍粪道、卧床上垫草的粪污清理不及时，加上通风不良，氨气和微生物的密度高，也容易引发犊牛肺炎。

（3）环境消毒不好　犊牛舍没有完善的消毒程序，病原微生物就可能大量滋生，造成犊牛发病。犊牛饲养密集，病牛不能够及时隔离，造成交叉感染，将会提高犊牛肺炎发病率。

2. 饲养管理因素

（1）建立被动免疫失败　之所以 1 月龄前的犊牛很少发生肺炎，就是因为初乳给予犊牛的被动免疫在这段时期起了关键作用。犊牛出生后如不能够第一时间从初乳中获得母源抗体，就会造成免疫力低下而易受各种病原微生物的侵袭。

（2）继发于其他疾病　过量饲喂牛奶，会造成犊牛消化系统紊乱，引发腹泻，致使犊牛体况逐渐消瘦，抗病能力下降，进而感染肺炎。同时小牛生长过程中主动免疫功能不健全，也易引发肺炎。感冒治疗不及时，造成病情恶化，引发肺炎。

（3）应激叠加反应　犊牛在断奶时期受到断奶、换料、换圈三种变化，而引发应激反应。

（4）疾病发现不及时　兽医巡栏不及时，不能够早期发现病牛，造成犊牛病情恶化，引发肺炎。

（5）妊娠期母牛饲养不合理　妊娠期母牛营养不良，直接影响胎儿的生长发育。

3. 感染病原微生物　当犊牛抵抗力降低，肺炎球菌及各种病原微生物乘虚而入，迅速繁殖，病原菌毒力增强而使犊牛发生肺炎。

（二）临床症状

犊牛肺炎主要表现为犊牛发热、咳嗽、气喘，发病可急可缓，一般多在上呼吸道感染数天后发病。最先见到的症状是发热或咳嗽，体温一般在39.5～42℃，可见两鼻孔流出浆液性、黏液性或脓性鼻涕；听诊肺部有干性或湿性啰音，叩诊肺部有的可听见半浊音。病牛普遍表现食欲不振、精神委顿等症状；还可出现腹胀、腹泻等消化系统症状；间歇性咳嗽，发育受阻。

根据临床症状，犊牛肺炎可分为支气管肺炎和异物性肺炎。

1. 支气管肺炎　病初先有弥散性支气管炎或细支气管炎的症状，如精神沉郁，食欲减退或废绝，体温升高达40～41℃，脉搏80～100次/min，呼吸浅而快，咳嗽，站立不动，头颈伸直，有痛苦感。听诊，可听到肺泡音粗哑，症状加重后气管内渗出物增加则出现啰音，并排出脓样鼻汁。症状进一步加重后，患病肺叶的一部分变硬，以致空气不能进出，肺泡音就会消失。让病牛运动则呈腹式呼吸，眼结膜发绀而呈严重的呼吸困难状态。

2. 异物性肺炎　误将异物吸入气管和肺部后，不久病牛就出现精神沉郁、呼吸急速、咳嗽。听诊肺部可听到泡沫性的啰音。当大量误咽时，在很短时间内病牛就发生呼吸困难，流出泡沫样鼻汁，因窒息而死亡。如吸入腐蚀性药物或饲料中腐败化脓细菌侵入肺部，可继发化脓性肺炎，病牛出现高热、呼吸困难、咳嗽，排出多量的脓样鼻汁；听诊可听到湿性啰音，在呼吸时可嗅到强烈的恶臭气味。

根据病程，犊牛肺炎可分为急性型和慢性型两种。

1. 急性型肺炎　多见于1～3月龄的犊牛。病牛精神沉郁，食欲减退或废绝。体温升高达40℃，被毛粗糙蓬乱且倒立。心搏加快，重症时心音微弱，心律不齐。呼吸困难，浅表频数，多呈腹式呼吸，甚至头颈伸张，咳嗽，开始干而痛，后变为湿性。肺部听诊有干性或湿性啰音，在病灶部肺泡呼吸音减弱或消失，可能出现捻发音；胸部叩诊呈现浊音。犊牛于每次咳嗽之后，常伴有吞咽动作，时而发生喷鼻声；同时出现鼻液，初为浆液性，后为黏稠脓性。发病后期病牛眼结膜发绀，体况消瘦。

2. 慢性型肺炎　多发生于3～6月龄的犊牛。病初犊牛为间断性咳嗽；呼吸急促而困难，听诊有湿性啰音或有支气管呼吸音；体温略有升高，病程较长，发育迟滞，日渐消瘦。

急性肺炎常因心力衰竭和败血症而死。慢性肺炎，转为慢性咳嗽，被毛粗糙蓬乱，下痢，贫血，生长缓慢。实践证明，患慢性肺炎的犊牛很少能够完全康复，没有饲养价值，不应再作为后备母牛使用。

（三）防治措施

1. 预防　犊牛肺炎具有季节性，冬、春季应做好预防工作。

（1）做好初乳饲喂　合理饲养怀孕母牛，使母牛得到必需的营养，以便产出身体健壮的犊牛。犊牛出生后尚未建立抵抗力，需要从初乳获得抗体，应让犊牛尽早吃到初乳。如果犊牛出生后，母牛不让其哺乳，或犊牛体弱，要及时人工饲喂初乳，降低犊牛发病率。

（2）做好犊牛用具消毒　饲养员喂奶要做到定时、定量、定温。喂奶器具、水桶、料桶严格消毒，严禁将患病犊牛喝剩的奶喂给健康犊牛，以免造成传染。耐心饲喂患病犊牛，让犊牛有一个健康的体格，使其能抵御病原微生物的侵袭。

（3）加强管理　一是防止犊牛在断奶过渡时期的断奶、换料、换圈三种应激叠加；二是避免不同年龄的犊牛混养；三是犊牛分小群饲养，降低饲养密度；四是加强兽医巡栏，做到早发现、早诊断、早治疗；五是及时发现病牛，隔离病牛，进行单独饲养和治疗，避免接触感染。

（4）营造良好环境　每天清理牛舍粪尿与杂物，舍内保持清洁、干燥。保持通风良好，空气新鲜，无贼风入侵，降低氨气浓度，避免尘土飞扬。保证犊牛舍内照明设备完好，有充足光照，垫草、垫料整洁松软。犊牛舍安装增温设施，以抵御寒冬。

（5）定期消毒　对犊牛舍要每天定时、彻底消毒，轮换使用消毒药物，力争最大限度地杀灭牛舍环境中存在的病原微生物，降低被传染的概率。

2. 治疗　加强护理，抗菌消炎，止咳祛痰，对症治疗。

（1）加强护理　兽医每天必须至少巡视2次犊牛舍，及时发现并隔离病

牛。病牛要置于通风换气良好、安静的环境下进行治疗。在发生感冒等呼吸器官疾病时，应尽快隔离病牛。最重要的是，在没达到肺炎程度以前，要进行适当的治疗，但必须达到完全治愈才能终止治疗。给因病而衰弱的牛灌服药物时，不要强行灌服，最好经鼻或口，用胃导管准确地投药。

（2）对症治疗

①选用敏感的长效抗生素　肺炎病程长，临床治愈后，再坚持治疗一个疗程，可以提高治愈率，减少复发。使用长效广谱抗生素，可以减少给药次数，减少对犊牛的应激，降低工作量。临床实践证明，以青霉素和链霉素联合应用效果较好。青霉素按每千克体重 1.3 万～1.4 万 U，链霉素 3 万～3.5 万 U，加适量注射用水，每天肌内注射 2～3 次，连用 5～7 d。病重者可静脉注射磺胺二甲基嘧啶 70～100 mg、维生素 C 10 mg、维生素 B 族 40 mg（按每千克体重计），每天 2 次，肌内注射或静脉注射。随后配合应用磺胺类药物，可有较好效果。同时，还可用一种抗组胺剂和祛痰剂作为补充治疗。另外，应配合强心、补液等对症疗法。对重症病例，可直接向气管内注入抗生素或消炎剂，或者用喷雾器将抗生素或消炎剂以超微粒子状态与氧气一同让牛吸入，可取得显著的治疗效果。

②配合抗炎药　对肺炎治疗，给予敏感抗生素的同时，必须配伍非甾体类抗炎药进行治疗。非甾体类抗炎药能达到控制炎症的目的。美洛昔康是最新一代的非甾体类抗炎药，具有抗炎、解热、镇痛的三种疗效，副作用小，半衰期长达 26 h，作用持久，打一针可发挥有效浓度长达 3 d，用量小（每 100 kg 体重只需注射 2.5 mL）等突出优点。试验表明，美洛昔康配合治疗犊牛肺炎，可缩短疗程，具有减少肺部组织损伤及增重等良好的疗效。

对于真菌性肺炎，要给予抗真菌性抗生素，用喷雾器吸入法可获得显著效果。轻度异物性肺炎，可用大量抗生素，配合使用毛果芸香碱，疗效更好。

六、犊牛腹泻

（一）发病原因

犊牛腹泻是犊牛最常见病之一，多发于出生后 2 周左右，对犊牛的危害很大，是犊牛死亡的主要原因。本病一年四季都可发生，早春和秋冬交替时期，哺乳的犊牛很容易发生腹泻。通过临床症状、流行病学及实验室检查，发病原因主要有以下几方面。

1. 细菌感染　产肠毒素性大肠埃希菌、弯曲杆菌、沙门氏菌、产气荚膜梭状芽孢杆菌等均可引起犊牛腹泻。而产肠毒素性大肠埃希菌是引起1周龄内犊牛腹泻的主要细菌，其侵入犊牛体内后释放一种或两种肠毒素而导致犊牛腹泻。产气荚膜梭状芽孢杆菌是犊牛患肠毒血症的病原菌。

2. 病毒感染　轮状病毒、冠状病毒、星形病毒、盏形病毒、微病毒等都可引起犊牛腹泻，而轮状病毒和冠状病毒起着重要的病原学作用。

3. 饲养管理不当

（1）母牛管理不当

①母牛妊娠期间如果日粮不平衡、不全价，缺乏运动，会使母牛的营养代谢过程发生紊乱，结果使胎儿在母体内的正常发育受到影响，导致新生犊牛发育不良，体质衰弱，抵抗力低下，出生后的最初几天易患腹泻。

②母牛的乳房和乳头不干净，或患乳房炎，是引起犊牛腹泻的另一种途径。

③营养不良的母牛初乳质量差、分泌少，免疫球蛋白含量低，新生犊牛在产后几小时内未能吃到初乳，极易引起消化不良性腹泻。

④初胎牛腹泻发病率高。这是由于初胎母牛的初乳少，乳汁差，所含的免疫球蛋白浓度低；初胎母牛照料犊牛的能力差，犊牛常不能吃到足够的初乳。

（2）犊牛的饲养管理不当

①犊牛舍过于潮湿或机体受寒，初生犊牛的体温调节不健全，对潮湿和寒冷的适应能力弱，最易发生消化不良性腹泻。

②卫生条件不良具有重要的影响。饲喂犊牛的乳汁不洁，饲槽、饲具污秽不洁，牛舍不清洁（牛栏、牛床久不清扫，不消毒，垫草长时间不更换致粪尿积聚而脏污等），从而增加了发病机会。

③人工哺乳不定时、不定量、不定温度，可妨碍犊牛消化机能的正常活动而致病。

④哺乳期犊牛补料不当。由母乳转为饲料饲喂时，断奶过急，或补给饲料在质量上或调制上不适当，使犊牛的胃肠道受刺激而发生消化不良性腹泻。

⑤哺乳时间过晚，犊牛因饥饿而舔食污物，致使肠道内乳酸菌的活动受限制，乳酸缺乏，肠道内腐败菌大量繁殖，从而破坏肠道对乳汁的正常消化作用。

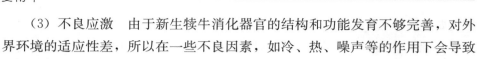
（3）不良应激　由于新生犊牛消化器官的结构和功能发育不够完善，对外界环境的适应性差，所以在一些不良因素，如冷、热、噪声等的作用下会导致犊牛消化系统紊乱，发生营养障碍，从而降低犊牛的抗病力。

（4）寄生虫感染　引起犊牛腹泻的寄生虫主要是犊牛新蛔虫、莫尼茨绦虫及球虫（隐孢子虫）。

（二）临床症状

1. 大肠埃希菌引起的腹泻　最常见的是急性肠炎症状，病牛排出的粪便通常是先干后稀，为淡黄色粥样恶臭便，继而成为灰白色或水样便，有时带有泡沫，随后排便频繁且多带腥臭味，有的呈腐臭味。排水样粪便时，往往不沾尾毛，如不注意观察易被忽视。病程中期肛门失禁，常有腹痛，体温升高到40℃以上。后期病牛体温降到常温以下，昏睡，死亡率在10%左右；如发生菌血痢则体温升高，脉搏急速，呼吸增数。结膜潮红或暗红，精神沉郁，食欲减退或废绝，肠音亢进，以后多减弱，有的有腹痛表现。由于剧烈腹泻，患病犊牛脱水而迅速消瘦，眼窝凹陷，皮肤干燥，弹力减退，排尿减少，血液浓缩。如不及时抢救，可在1~3 d内死亡。

2. 病毒引起的腹泻　犊牛往往突然发病，迅速扩散流行，新生犊牛排灰褐色水样便，混有血液、黏液，病犊牛极度沉郁、厌食，腹泻过后还恢复食欲，往往因过量采食而复发。犊牛受轮状病毒感染主要发生在1月龄以内，潜伏期为15 h至4 d。主要症状为沉郁、厌食，并发生脱水性腹泻。发病期可持续1~8 d，年龄越小，发病时间越长。轮状病毒引起的腹泻如没有大肠埃希菌的协同作用，24 h即可痊愈。如与大肠埃希菌混合感染，则病犊牛体温升高，白细胞减少，最后可死于消化道溃疡引起的出血性肠炎，以及局部淋巴结、集合淋巴结、脾脏和胸腺内淋巴组织缺乏症。冠状病毒感染后的潜伏期为19~24 h，其临床症状和肠道病变比感染轮状病毒时严重，而且即使没有大肠埃希菌并存，冠状病毒引起的腹泻也可使1周龄以上的犊牛死亡。

3. 新蛔虫引起的腹泻　犊牛排糊样灰白色腥臭粪便，严重者粪便中带有血液或黏液；或拉黄绿色、暗绿色稀粪（多见于绦虫）。粪便中混有蛔虫体或绦虫卵节片。实验室检查，粪便中可查出虫卵。犊牛新蛔虫病多为急性经过，并具有消化不良的一般症状。莫尼茨绦虫病临床症状多为慢性，腹泻前粪便中带卵节片已很长时间，有时出现便秘。初期精神和食欲变化不大，病犊逐渐消瘦。当有细菌感染或消化不良时症状加重。球虫感染多在 2 月龄以上的犊牛发生，牛群拥挤，卫生不良，使本病易发，犊牛表现为腹泻，粪便带血和黏液，里急后重，消瘦，生长缓慢，被毛粗乱。

4. 饲养管理不当引起的腹泻　多发生于哺乳期。病初，犊牛排粥样稀便，淡黄色、灰黄色乃至灰白色。以后，有的犊牛排水样的深黄色稀粪，粪便有时呈黄色，也有时呈粥样的暗绿色，臭味不大，若病情严重时粪便有腥臭味。肛门周围、尾毛、飞节及股部常附有粪便。病犊体温一般正常，或稍高或稍低。脉搏、呼吸稍加快，精神不振，食欲减退或废绝，多喜卧。此外，粪便带酸臭气味，且混有小气泡及未消化的凝乳块或饲料碎片。肠音高朗，并有轻度臌气和腹痛现象。心音增强，心搏增速，呼吸加快。病牛持续腹泻不止时，由于组织、细胞缺水则皮肤干皱，且弹性降低，被毛粗乱而失去光泽，眼球凹陷。严重时病牛站立不稳，全身战栗。病至后期，病牛体温多突然下降，四肢及耳尖、鼻端厥冷，终至昏迷而死亡。

（三）诊断

主要根据病史、临床症状可做出初步诊断。但要确诊，必须根据病理变化，肠道微生物的检查，血液化验和粪便检查，必要时对哺乳母牛的乳汁进行检验分析（可消化蛋白、脂肪、酸度等），进行综合诊断。除从临床上鉴别以外，在流行病学上注意，也可提供参考依据。如大肠埃希菌引起的腹泻多发生在犊牛出生 1~3d；病毒引起的多发于冬季，冠状病毒多引起 3 月龄以内的犊牛发病，轮状病毒多发生在犊牛出生 4~14d；隐孢子虫感染发生在出生 6~17d 的犊牛，无季节性；如呈暴发态势，任何年龄都可发生，有发热和高死亡率，可能是沙门氏菌引起，用粪便行细菌培养可鉴定；如营养好的犊牛发生严重的肠出血性毒血症，迅速死亡，则可能是 B 型或 C 型产气荚膜梭状芽孢杆菌感染，可用粪便涂片检查；如因长期使用抗菌药而使腹泻变成慢性腹泻，则可能为变形杆菌或假单胞菌属和霉菌中的念珠菌属感染。

（四）治疗

各种病因引起腹泻的症状是相似的，主要是脱水、电解质丢失和酸中毒。由腹泻引起的死亡与腹泻的病因没有太大的关系，除内毒素中毒外，死亡大都

是由酸中毒引起的。故对本病的治疗应采取包括改善卫生条件、抑菌消炎、补充血容量、维护心脏机能、缓解酸中毒、制止胃肠道的发酵和腐败过程、恢复消化功能为原则。具体治疗时要把握两个时机即初期缓泻和适时止泻。

（1）首先应将病犊牛置于干燥、温暖、清洁、单独的牛舍或牛栏内，并铺干燥、清洁的垫草（特别是哺乳期的犊牛）；消除病因，加强饲养管理，注意护理。

（2）对产肠毒素性大肠埃希菌、弯曲杆菌、沙门氏杆菌、产气荚膜梭状芽孢杆菌等引起的犊牛腹泻，用以下处方：卡那霉素，每千克体重 15 mg，痢菌净每千克体重 5 mg，穿心莲 10 mL，肌内注射，每天 1 次。

（3）对新蛔虫引起的犊牛腹泻，用以下处方：左旋咪唑片每千克体重 5～8 mL，内服；对莫尼茨绦虫引起的腹泻，用以下处方：1%硫酸铜（化学纯）100～150 mL 或用大白 10 g、南瓜子 50 g，内服。驱虫 1 d 后可内服矽炭银 30 片、痢特灵 10 片、颠茄片 5 片、维生素 B₁ 10 片、胃蛋白酶 6 片。对球虫（隐孢子虫）引起的犊牛腹泻，用以下处方：氯氨灭球灵每千克体重 40 mg，经 3～5 d 治疗，粪便中的血液和肠黏膜分泌物消失，2 d 后腹泻停止。

（4）严重病例应进行抗炎、补液解毒，用以下处方：5%葡萄糖生理盐水500～1 000 mL，环丙沙星每千克体重 2.5 mg，庆大霉素每千克体重 3 mg，5%碳酸氢钠 100～150 mL，地塞米松 20 mg，一次静脉注射，每天 1 次。

同时为制止肠内腐败、发酵过程，选用：

①鱼石脂 2%溶液 200～300 mL，内服（用于发酵型消化不良性腹泻）。

②用 0.1%高锰酸钾溶液 100～200 mL，每天早、晚各一次，于哺乳前 1 h灌服或进行灌肠（适用于腐败型消化不良性腹泻）。

③对持续腹泻不止的犊牛，还可应用氟苯尼考 1 g，碳酸钙粉 2～3 g，木炭末 2 g，内服（用于犊牛腹泻粪中带血者）。

（五）预防

加强母牛和犊牛的饲养管理，增强犊牛的抵抗力，是预防犊牛腹泻的重要措施。此外，早发现、早治疗，对因治疗，及时补充体液是治疗犊牛腹泻的关键。

1. 加强母牛的饲养管理　对妊娠母牛要合理供应饲料，饲料配比要适当，给予足够的蛋白质、矿物质和维生素，勿使母牛饥饿或过饱，确保母牛有良好的营养水平，使其产后能分泌充足的乳汁，以满足新生犊牛的生长需要。母牛乳房要保持清洁，产前给母牛接种大肠埃希菌疫苗、冠状病毒疫苗等，以使犊牛产生主动免疫；要保证干草喂量，严格控制精料喂量，防止母牛过肥和产后酮病的发生，以减少犊牛中毒性腹泻出现的可能；牛舍要保持清洁、干燥，母牛要适当运动；产房要宽敞、通风、干燥、阳光充足，经常消毒；产圈、运动场要及时清扫，定期消毒，特别是对母牛产犊过程中的排出物和产后母牛排出的污物要及时清除；牛舍地面每天用清水冲洗，每隔 7～10 d 用碱水冲洗食槽和地面；凡进入产房的牛，每天刷拭躯体 1～2 次，用消毒药对母牛后躯进行喷洒消毒，使牛体清洁。

2. 加强犊牛的饲养管理　犊牛出生后应尽早哺足初乳，增强犊牛抗病能力。一旦发现病犊牛要加强护理，立即隔离治疗。犊牛舍要阳光充足，通风良好，早晚清除粪尿，每天更换褥草和保证犊牛适当运动。防止犊牛受潮和寒风侵袭，避免犊牛乱饮脏水，以减少病原菌的入侵机会。

七、腐蹄病

腐蹄病又称坏死性蹄皮炎或指（趾）间坏死杆菌病，是牛的一种急性或亚急性坏死性传染病，以牛跛行、冠带、指（趾）间皮肤的肿胀和炎症为特征，以后蹄多发，主要由细菌混合感染引起，在饲养管理不当的情况下，更易发生。成年牛发病较多。

（一）发病原因

腐蹄病是病原微生物、环境、营养等因素综合作用的结果。一般认为坏死杆菌是本病的主要病原。

1. 病原微生物因素　病原微生物是牛腐蹄病发生的主要原因，从牛腐蹄病病例中分离出的病原菌主要有结节状类杆菌、产黑色素类杆菌、脆弱类杆菌、坏死杆菌。此外，螺旋体、粪弯杆菌、梭杆菌、球菌、酵母菌及其他一些条件致病菌也是腐蹄病的病原。坏死杆菌是从患蹄中最常分离到的细菌，在环境、瘤胃和牛的粪便中普遍存在，在土壤中存活时间可以长达 10 个月，属于生物 A 型和 AB 型，能产生毒素，引起感染组织坏死（腐烂）。坏死杆菌还常和其他细菌合并感染，如产黑色素芽孢杆菌、金黄色葡萄球菌、大肠埃希菌、化脓性放线菌，发生合并感染时，有少量的坏死杆菌就可以引起腐蹄病。

2. 环境因素　牛蹄部长时间处于潮湿的环境和特定的温度范围，是导致牛发生腐蹄病的重要原因。春、夏季雨水较多，特别是南方的梅雨季节，气候炎热潮湿，牛舍内多粪尿，若不能及时清理，有害微生物不断繁殖，引起蹄底组织炎症；夏季为了防暑降温或清洁牛体，长时间用水喷淋和冲刷，结果加大了地面和环境的湿度，牛蹄长期受污水的浸泡，角质变软，抵抗力降低，促使蹄部组织疏松腐烂。

3. 营养因素　饲料中钙磷比例失调，血钙含量明显降低是牛腐蹄病发生的主要原因。当饲料中缺乏锌、铜等矿物质时，牛的体质严重下降，对病原的抵抗力下降，易于感染腐蹄病。日粮精、粗饲料搭配比例失调也是牛肢体病发生的重要原因，盲目加大精饲料含量，导致日粮中粗饲料不足，引起瘤胃酸度过高，并且产生大量的组胺，导致腐蹄病的发生。

（二）临床症状

病初牛表现为频频提举病肢，或是频频用患蹄敲打地面，站立时间较短，喜卧而不愿站立；还表现一定程度的跛行，走路有疼痛感，局部检查可见指（趾）间皮肤和蹄冠呈红色、暗紫色，肿胀，敏感；叩诊、触诊按压蹄部有明显的疼痛感，指（趾）间皮肤常发生坏死和纤维化，伴随着特殊的恶臭味，但是只有少量渗出。通常患畜的体温升高到 40～41℃，食欲减退，体重下降。当深部组织腱、指（趾）间韧带、冠关节和蹄关节受到感染时，形成坏死组织的脓肿或瘘管，向外流出微黄色或灰白色具有恶臭味的脓汁。此时，全身症状明显，病牛跛行加重，食欲废绝，消瘦明显，蹄壳脱落，腐烂变形。

（三）诊断

病牛跛行，频频抬起病肢，不愿运动，喜卧，蹄部检查常见蹄变形，趾间皮肤发红，肿胀，蹄冠呈红色或暗紫色，湿热肿胀。随着病情发展，深部组织化脓，形成微黄色或灰白色、周围有炎性的化脓区。修蹄时，蹄底常有灰色或黑色恶臭的脓性分泌物流出。

（四）治疗

病初局部治疗效果很好，但大多数病例都需要用全身性的抗菌药进行治疗。治疗应遵循消炎、止痛、防止败血的原则。

1. 蹄部消毒　当发生蹄趾间腐烂时，以 10％～30％硫酸铜溶液或 10％的来苏儿洗净患蹄，涂以 10％的碘酊，用松馏油（或鱼石脂）涂布于蹄趾间，装蹄绷带。如蹄趾间有增生物，可用外科法除去，或以硫酸铜粉、高锰酸钾粉撒于增生物表面，装蹄绷带，隔 2～3 d 换药 1 次，常于治疗 2～3 d 后痊愈，也可用烧烙法将增生物烙去。

2. 修整蹄形　当发现患蹄有坏死腐烂组织时，用蹄刀彻底除去腐烂组织。当蹄底深部化脓时，用小刀扩创，使脓性分泌物排尽，创内可撒布硫酸铜粉、高锰酸钾粉或松馏油棉球填塞，然后装上蹄绷带。

体温升高、全身症状明显的病例，用全身性抗菌药治疗，主要是磺胺类药物和抗生素。

急性腐蹄病应先消除炎症，临床上常用金霉素、四环素，按每千克体重 0.01 g，或二甲嘧啶，每千克体重 0.12 g，一次静脉注射，每天 1～2 次，连续治疗 3～5 d。青霉素 250 万 U，一次肌内注射，每天 2 次，持续治疗 3～5 d。

3. 中药疗法

（1）组方 1　青黛 60 g，龙骨 6 g，冰片 30 g，碘仿 30 g，轻粉 15 g，共研成细末，在去除坏死部分后将青黛散塞于创内，包扎蹄部。

（2）组方 2　血竭 100 g，白芨 100 g，儿茶 50 g，樟脑 20 g，龙骨 100 g，乳香 50 g，没药 50 g，红花 50 g，朱砂 20 g，冰片 20 g，轻粉 20 g，共研为细末，在去除坏死部分后将药物塞于创内，包扎蹄部。

（3）组方 3　枯矾 500 g，陈石灰 500 g，熟石膏 400 g，没药 400 g，血竭 250 g，乳香 250 g，黄丹 50 g，冰片 50 g，轻粉 50 g，共研磨为极细末，填塞病牛蹄部脓腔，并用绷带包扎蹄，连用 3 剂。

（4）组方 4　地榆炭 50 g，冰片 50 g，黄芩 50 g，黄连 50 g，黄柏 50 g，白芨 50 g。共研成粉末，用凡士林调匀，涂于患处，进行包扎，3 d 后换药，3 次用药后痊愈。

4. 其他疗法

（1）烤烙法　研磨成粉末的血竭倒入清创后的患部，再用烧红的烙铁融化血竭，使之与角质结合，再用绷带包扎。

（2）液氮疗法　清洗患部并修整蹄形后，充分暴露溃疡面，用棉球擦干，再用液氮冷冻的金属棒迅速接触患部，连续 5～7 次，每次 2～4 s。然后，涂以少量消炎粉，包扎蹄部。

（3）解除酸中毒，防止败血　可用5％葡萄糖生理盐水1 000～1 500 mL、5％碳酸氢钠液500～800 mL、25％葡萄糖溶液500 mL、维生素C 5 g，一次静脉注射，每天1～2次，连续治疗2～3 d。

（4）穴位疗法　前蹄头、前缠腕、涌泉是牛前肢蹄部的主要穴位，后蹄头、后缠腕、滴水是牛后肢蹄部的主要穴位，采用穴位注入适量的青霉素、链霉素和普鲁卡因的方法治疗牛腐蹄病，可以收到良好的效果。

（五）预防

对于本病，预防比治疗更加重要，合理的预防措施可以显著降低甚至杜绝本病的发生。

1. 加强卫生管理　加强圈舍卫生管理，及时清理圈舍粪尿，雨季来临要适当增加清粪的次数，重视牛蹄部卫生，经常清洁牛蹄指（趾）间、蹄部污物，发现蹄病及时治疗。运动场、牛床要设计合理和及时维护。运动场地面应该保持2％～3％的坡度，有利于雨水和污物的排出，防止有坑或大的洼地。运动场的土质也应有良好的渗水性。及时除去运动场内的石头、金属等异物，保持地面的干燥，以防止牛蹄部受伤或摔倒。牛床不平整、破损、坚硬或狭窄都可能引起肢蹄外伤，诱发腐蹄病，因此牛床应宽度适宜，铺垫物可用锯末或垫草，并保持清洁。

2. 加强饲养管理　合理搭配日粮，供给牛全价饲料。合理配合精饲料，保证饲料中含有适量的有效纤维，公牛采精时可适当补充鱼肝油和生鸡蛋。保证饲料中有足够的维生素和锌、硒，并保证饲料中钙磷比例平衡〔正常钙磷比例为（1.5～2.0）∶1〕，预防腐蹄病的发生。有研究表明，饲喂酸度相对较高的青贮饲料容易诱发腐蹄病的发生。

3. 合理分群　过高的饲养密度给管理和生产带来很多不便。理想的饲养密度是每100 m² 运动场设为1栏，每栏养牛8～10头。保证牛有充分的活动空间，能提高牛的体质、减少牛对环境的应激，从而降低牛病发生率。

4. 及时修蹄　每年应修蹄2次。修蹄工作应由专业人员进行，必须有专用的修蹄固定架，在固定牛时须避免牛受伤；将过长的蹄角质切除，最后是修整蹄底，主要是保证蹄形端正。

5. 蹄浴　蹄浴是预防蹄病的重要卫生措施。蹄浴在地面水池，或专用蹄浴设备中进行。

（1）福尔马林溶液蹄浴　取福尔马林溶液 3～5 L 加水 100 L，温度保持在 15℃以上，如果浴液温度降到 15℃以下，就会失去作用。注意不能让牛饮用池中浴液。

（2）4% 硫酸铜溶液蹄浴　硫酸铜一方面有杀菌的作用，另一方面有硬化蹄匣的作用。装浴液的容器宽度约 75 cm，长 3～5 m，深约 15 cm，溶液深应达到 10 cm。浸浴后在干燥的地方停留 0.5 h，效果更佳。如果浴液过脏时应更换新液。在舍饲情况下，蹄浴 1 次后，间隔 3～4 周再进行 1 次，对防治趾间蹄叶炎效果特佳。也可用 5 份硫酸铜和 100 份生石灰混合铺于地面上，让牛可以自由踩踏。

6. 其他预防措施　有研究表明，在相同的饲养管理和环境条件下，饲料中添加适量的硫酸锌对牛腐蹄病有良好的预防效果，不仅可极显著地降低腐蹄病的发生率，而且可减轻腐蹄病的严重程度。

第九章
夏南牛牛场建设与环境控制

第一节　夏南牛牛场选址与建设

一、场址选择要求

1. 建设用地选择　避开基本农田和林地（特别是公益用林），首先选择荒山、荒坡、滩涂、裸岩地等，其次是一般耕地。

2. 符合法规要求　选址符合《中华人民共和国畜牧法》、当地土地总体利用规划和村镇建设规划。

3. 符合动物防疫条件要求　《动物防疫条件审查办法》（农业部令〔2010〕第 7 号）第五条规定：动物饲养场、养殖小区选址应符合下列条件。

（1）距离生活饮用水源地、动物屠宰加工场所、动物和动物产品集贸市场 500 m 以上；距离种畜禽场 1 000 m 以上；距离动物诊疗场所 200 m 以上；动物饲养场（养殖小区）之间距离不少于 500 m。

（2）距离动物隔离场所、无害化处理场所 3 000 m 以上。

（3）距离城镇居民区、文教科研等人口集中区域及公路、铁路等主要交通干线 500 m 以上。

4. 综合考虑地形、地势、水源及地方性环境条件

（1）地形　背风朝阳、交通便利。做到山顶不选、风口不选、低洼积水地不选。

（2）地势　较为平坦、排水便利、土方工程量较小。

（3）水源　地下水源必须满足最大需求量（每头牛每天 35 L 左右），水质良好，符合饮用水源标准。

（4）环境条件　区域生态环境良好，无"三废"污染或不直接受工业"三废"污染。

二、牛场规划设计

1. 用地规模　计划用地要与养殖规模相匹配，原则上1头母牛占地面积不少于60 m²（可利用面积）。同时考虑未来发展（扩建）的空间和废弃物处理占地面积（包括环保设施）。

2. 合理规划功能区　生活区及办公区、饲草饲料加工区、生产养殖区、粪污及无害化处理区四区分离。

3. 做到"两分两隔"　净道（人行通道、饲草饲料通道）与污道（粪污运送通道）分离，雨水沟与污水沟分离。场区周围及每栋牛舍之间要有绿化隔离带，粪污及无害化处理区与生产区之间要以树木、自然水沟、池塘等作为隔离带。

三、牛舍类型

我国牛舍类型很多，因地域、用途、规模不同，建设的方式与结构也不同。常用的有单列式、双列式牛舍；有全敞开式（图9-1）、半敞开式（图9-2）、全封闭式（图9-3）等结构。

单列式宜采取东西走向，朝南采光，适宜200头以内的小规模牛场；双列式宜采取南北走向，东西采光，适宜1 000头以上规模、机械化程度较高的牛场。全敞开式和半敞开式牛舍适宜南方和中原地区；封闭式牛舍适合北方寒冷地区。

图9-1　全敞开式牛舍

图 9-2　半敞开式牛舍

图 9-3　全封闭式牛舍

在中原地区，500 头规模左右的肉牛场，建议使用单列、半敞开式牛舍，这种设计方式虽然增加了建筑成本，但它既利于夏季通风降温，又利于冬季保暖，同时也有利于舍内氨气排放，不会因冬季氨气浓度过高而导致牛发病。

四、母牛舍建造要求

（一）母牛舍建设参数

1. 双列对头式牛舍　建议大型牛场使用，采取南北走向。牛舍总宽度 30 m，牛床和运动场两边各宽 12 m，饲料通道和饲槽宽 4 m，分牛通道宽 1 m；牛舍长以场地大小确定，每 12 m 一栏，每一栏养牛 9～10 头。

2. 单列式牛舍　建议小型牛场使用，采取东西走向。跨度 7.5 m，长度

52 m，其中牛舍 48 m，饲养员居住室 4 m；每 6 m 设一栏，共 8 栏，饲养母牛 50 头，配 1 名饲养员。采用大圈小栏，每栏 6～7 头牛，主要作用是减少新牛入圈时的打斗应激。

（1）牛舍面积　每头牛实际占用 7～8 m²。

（2）运动场面积　每头牛 15～20 m²，应为牛舍面积的 2.5 倍左右。

（3）檐高及屋面　牛舍檐高 3.5～4.0 m。屋面建议使用 8～12 cm 的复合保温彩钢板。

（4）后墙活动窗　墙高 1 m，窗高 2 m、宽 3 m，用镀锌管焊接窗户架，透明胶板，两侧各焊接一支架，夏季把窗户摘掉或用支架支起，以便通风；冬季盖上窗板，防风、保暖、透光。

（5）活动房檐　牛舍前沿设宽 3 m、高 1.5 m 的活动房檐，夏季用支架支起遮挡强光，冬季放下保暖、防寒。

此外，母牛舍内应设犊牛补饲栏，便于犊牛补饲。

（二）产房建设参数

1. 牛舍面积　每头牛 8～10 m²。产房使用周转期 10～15 d，产房每个槽位可供 15～20 头母牛产犊。

2. 设施设备　产房内要有接生、助产的工具和药品；要安装电扇、空调等降温设施和暖器、取暖灯等保暖设施。

3. 垫料　牛舍地面要有 20 cm 左右消毒过的干燥垫料，如麦秸或稻草等。

（三）犊牛舍建设参数

1. 牛舍面积　每头犊牛占 1.5～3 m²。规格：长 3 m、宽 2 m，围栏高度 0.8 m，每栏可养 1 月龄以内犊牛 4 头或 1 月龄以上犊牛 2～3 头。

2. 位置　建议犊牛舍建在母牛舍运动现场的两侧，应有防暑降温设施。

（四）架子牛舍建设参数

1. 牛舍面积　每头牛 5～6 m²。

2. 运动场面积　每头牛 10～15 m²。

建议公犊、母犊牛混养，以便刺激架子牛早期发情。

（五）隔离舍建设参数

用于新购入牛的隔离、观察，对病牛进行诊断治疗。建设要求同母牛舍。

五、育肥牛舍建造要求

1. 牛舍建造参数　建议采取双列对头式牛舍，大舍小栏散养，每栏 12～15 头，每头牛槽位宽 0.8～1 m，运动场面积 10～15 m²；拴系饲养的牛槽位宽 1.0～1.3 m。

育肥牛由于长期在牛舍内生活（6～12 个月），采光对育肥牛的生长及育肥增重至关重要。根据近几年的生产实践，育肥牛舍的建设建议采用南北朝向，利于牛采光。

2. 牛舍地面　牛舍地面常用立砖地面或水泥防滑地面，地坪要比牛舍外地坪高 20～30 cm，地面要坚实，坡度以 3% 为宜。

3. 运动场　运动场周围设围栏，围栏由立柱和横柱组成，横柱间隔 30～35 cm，立柱间隔 1.5～2.0 m，立柱高 1.2 m，柱脚用水泥包裹。运动场 70% 用立砖地面，30% 用沙土地面，整体地面向排水沟方向倾斜 3% 的坡度。运动场设饮水槽和凉棚。

4. 环保要求　根据国家环保要求，运动场要实现雨水、污水分流，这就需要在运动场上方搭建防雨棚，以防止下雨时粪污外流。在搭建防雨棚时，间隔一定距离使用一定宽度的透明瓦，以解决牛群的采光问题。

六、母牛舍设施

1. 牛床　建议使用沙土地面或立砖地面，坡度 2%～3%。

2. 牛颈枷　一般情况下，每段颈枷长 6 m、每个颈枷宽 0.85 m，可供 7 头牛使用。颈枷宜用镀锌圆钢管焊接。使用牛颈枷有四大优点：一是能起到定位栏的作用；二是便于母牛配种、兽医防疫及诊疗操作；三是可有效避免饲养及管理人员的伤亡；四是可以避免牛的弱肉强食。

3. 牛槽　目前生产中多采用地面槽和低槽床。地面槽也有两种：一种是平面槽，一种是凹面地面槽。低槽床建设要求宽 60 cm、高 28 cm，槽底中间铺瓷砖。使用机械送料的牛场，建议使用凹面地面槽。

4. 活动场地　有水泥地面和砖铺地面，水泥地面要求是毛面，不可太光滑。砖铺地面要求防渗层上垫沙 5～10 cm，上铺立砖。不管何种地面，建议要向牛舍方向倾斜 2%～3% 的坡度，便于尿水向粪尿沟集中，也便于牛舍远端保持干燥。建议活动场地上方搭建透明瓦，以防雨淋，同时也可减少清粪次数。

5. 饲养通道　采用人工饲喂时，饲喂通道宽 2 m 左右；机械化送料时，饲喂通道宽 3.5～4 m。

6. 饮水及排水设施　建议饮水池建在活动场地外侧，饮水与食槽分离并有一定的距离，促使母牛活动。推荐使用恒温饮水器，其优点一是保证饮水清洁；二是冬季能够保证牛（特别是犊牛）喝到温水；三是减少牛发病。

排污沟向沉淀池方向倾斜 1.5%～2% 的坡度。

7. 防暑降温及御寒设施　防暑降温主要是开窗通风，牛舍要檐高且屋面使用保温复合板，安装电扇和喷淋设施；御寒主要是安装挡风设施，犊牛舍应安装加温设施。

七、牛场投资概算

1. 固定资产　根据近年来泌阳县肉牛养殖的生产实践，初步估算每头母牛固定资产投资（不包括机械设备和租地资金）为 3 000 元左右。

2. 购牛资金　一头繁殖母牛需要 1.0 万～1.2 万元。

3. 流动资金　草料储备：每头牛每年 3 500 元左右。

4. 其他投入　人员工资、水电费、管理费根据实际需求确定。

第二节　夏南牛牛场环境控制

一、牛场环境质量标准

在肉牛养殖过程中，对畜舍的环境监测是非常重要的环节。一般牛舍常用环境监测指标包括温度、湿度、风速、光照及有毒有害气体（二氧化碳、氨气）等环境因素，这些指标直接影响肉牛个体的生长和育肥效果。国家肉牛牦牛产业技术体系岗位科学家刘继军教授团队，在多年对肉牛舍环境监测技术研究的基础上，制定出如下牛场环境质量技术参数。

（一）牛场环境质量技术参数

牛场环境质量是指牛场范围内的环境质量情况，需要进行环境质量监测的

区域包括缓冲区、场区、牛舍，缓冲区指在牛场外周围，沿场院向外≤500 m 范围内的保护区，该区具有保护牛场免受外界污染的作用；舍区指牛所处的半封闭的生活区域，即牛的生活环境区；场区指规模化牛场围栏或院墙以内、舍区以外的区域。牛场空气环境质量标准（日均值）见表9-1。

表9-1 牛场空气环境质量标准（日均值）

项目	单位	缓冲区	场区	牛舍
氨气	mg/m³	2	5	20
二氧化碳	mg/m³	380	750	1 500
温度	℃	—	—	10～15
相对湿度	%	—	—	80
风速	m/s	—	—	1
照度	lx	—	—	50

注："—"表示没有标准规定。

推荐肉牛舍环境指标参数见表9-2至表9-4。

表9-2 牛舍空气温度和湿度参数

牛类别	最适宜温度（℃）	最高适宜温度（℃）	最低适宜温度（℃）	高温应激温度（℃）	低温应激温度（℃）	相对湿度（%）
育肥牛	10～15	20	3	>30	<-13	50～85
产犊母牛	12	20	10	>30	<-10	50～85
一般母牛	10～15	25	3	>30	<-13	50～85
幼犊牛	12～15	20		>30	<-3	50～80
犊牛	10～12	20	7	>30	<-5	50～85
育成牛	10～15	25	3	>30	<-7	50～85

数据来源：王聪，《肉牛饲养手册》（2006）。

表9-3 牛舍通风参数

项目	冬季通风量[m³/(h·头)]	过渡季节通风量[m³/(h·头)]	夏季通风量[m³/(h·头)]	冬季气流速度（m³/s）	过渡季节气流速度（m³/s）	夏季气流速度（m³/s）
母牛舍	90	200	350	0.3～0.4	0.5	0.8～1.0
产房	90	200	350	0.2	0.3	0.5
0～20日龄犊牛舍	20	30～40	80	0.1	0.2	0.3～0.5

（续）

项目	冬季通风量 [m³/(h·头)]	过渡季节通风量 [m³/(h·头)]	夏季通风量 [m³/(h·头)]	冬季气流速度 (m³/s)	过渡季节气流速度 (m³/s)	夏季气流速度 (m³/s)
20～60 日龄犊牛舍	20	40～50	100～120	0.1	0.2	0.3～0.5
60～120 日龄犊牛舍	20～25	40～50	100～120	0.2	0.3	<1.0
4～12 月龄育成牛舍	60	120	250	0.3	0.5	1.0～1.2
1 岁以上育肥牛舍	90	200	350	0.3	0.5	0.8～1.0

注：成牛体重按 550 kg 计算。

数据来源：李如治，《家畜环境卫生学》第三版（2014）。

表9-4　牛舍有毒有害气体和光照参数

项目	二氧化碳（%）	氨气（mg/m³）	光照时间（h）	荧光灯照度（lx）	白炽灯照度（lx）
成年肉牛舍	0.25	20	16～18	75	30
产房	0.15	17	16～18	75～150	30
犊牛舍	0.15～0.25	10～15	14～18	75～100	100
育肥牛舍	0.25	20	6～8	50	20

数据来源：王聪，《肉牛饲养手册》（2006）。

（二）牛场环境测定方法

1. 气温测定　根据温度计类型采用不同的测定方法。

（1）普通温度计　测定气温常用水银温度计或酒精温度计。

①测定时间　5～10 min。

②测定点　在舍内均匀分布。

③测定舍温时的高度与位置　1～1.5 m。固定于各列牛床上方，散养舍固定于休息区。

因测试目的不同，可增加畜床、天棚、墙壁表面、门窗处及舍内各分布区等测温点（畜床：距地面 5 cm；天棚：天棚下方 10～15 cm；地面：距地面 5～10 cm）。

（2）自记温度计　这种温度计是在观测气温连续变化时使用，常悬挂于牛舍内两端，离地 1～1.5 m。

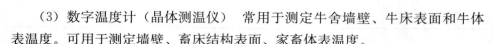

（3）数字温度计（晶体测温仪）　常用于测定牛舍墙壁、牛床表面和牛体表温度。可用于测定墙壁、畜床结构表面、家畜体表温度。

换算公式

摄氏温标（℃）　　　　　　$C=\dfrac{5}{9}(F-32°)$

华氏温标（℉）　　　　　　$F=\dfrac{9}{5}C+32°$

绝对温标（°K）　　　　　　$K=273.16+C$

2. 湿度测定　根据湿度计类型采用不同的测定方法。

（1）干湿球温度计　测定方法：使用时将干湿球温度计悬挂于测定地点15～30 min，先读干球温度后读湿球温度。检查相对湿度表求得相对湿度或应用下列公式计算绝对湿度和相对湿度。

$$K=E'-a(t-t')P$$

式中，K 表示绝对湿度（hPa）；E' 表示湿球 t' 时对应的饱和湿度；a 表示湿球系数；t 表示干球温度（℃）；t' 表示湿球温度（℃）；P 表示观测时的气压（hPa）。

$$R=\dfrac{K}{E}\times100\%$$

式中，R 表示相对湿度（%）；K 表示绝对湿度；E 表示干球温度对应的饱和湿度。

（2）通风干湿球温度计　在夏季测量前 15 min（冬季 30 min）将仪器放在测定地点，使仪器本身温度与测定点温度一致。夏季观察前 4 min（冬季15 min）湿润温度计上的纱布，纱布有薄冰时须使冰全部融化后计算时间。

3. 气流的测定　空气的水平流动称为"风"，通常以"风向"和"风速"来表示风的状态。

（1）风向的测定

①舍外风向的测定　风向指风吹来的方向，常以 8 或 16 个方位表示。测定舍外风向应用风向标。风向标是一种前部如箭头，尾部分叉，装在垂直主轴上且可以旋转的箭形仪器。当起风时，风压加在分叉的尾部，箭头正指着风吹来的方向。

为了表明某一地区、一定时间内不同风向的频率，可根据气象站记录资料绘制成"风向玫瑰图"（图 9 - 4）。图中风向的频率＝某风向在一定时间内出现的次数÷各方向在该时间内出现次数的总和×100％。

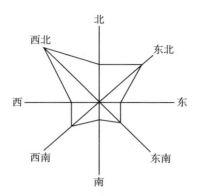

图9-4　某地冬季"风向玫瑰图"

②舍内风向的测定　牛舍内气流较小，可用氯化氨烟雾来测定气流方向。

（2）风速的测定

①适宜舍外使用的风速仪　测定气流速度的仪器有杯状风速计和翼状风速计。这两种风速计使用简便，但其惰性和机械摩擦阻力较大，只适用于测定舍外0.5m/s以上的风速。

②适宜舍内使用的风速仪　舍内风速常在0.5m/s以下，须用热球式电风速仪或卡他温度表进行测定。

4. 光照度的测定　光照射在物体单位面积上所得到的光通量称为"照度"。

测量方法：

（1）在测量前一般应先将滤光器罩在光电池上试测，以防光电池骤受强光，影响仪器性能。

（2）因光电池具有惯性，在测量之前应将光电池适当曝光一段时间，待电流表的指针稳定后再读数。

（3）测定时应避免热辐射的影响和人为挡光的影响。

（4）光电池长期使用，电流变小而逐渐衰减，要经常进行校正。

（5）测定畜舍内光照度时，白天因天气变化无常，其光照强度变化很大，不同天气应分别测量，以晴天为基准。

（6）一天内光照强度变化很大，可按早、中、傍晚分别测定求其平均照度。通常以太阳高度角为45°（上午9：00、下午3：00左右）、无直射光照处测量。

（7）牛舍不同部位在同一时间光照强度不一致。通常以牛活动区、牛头部高度处为基准。

（8）人工光照强度的测定，应当在打开电源开关 0.5 h 后、电压稳定时测定。

5. 二氧化碳的测定

（1）化学分析法　主要指用二氧化碳采样器测定。氢氧化钡与空气中二氧化碳能形成碳酸钡白色沉淀。利用过量的氢氧化钡来吸收空气中的二氧化碳，根据氢氧化钡吸收二氧化碳前后被草酸滴定浓度之差，求二氧化碳的含量（牛舍空气中二氧化碳的浓度要求不大于 0.25%）。化学反应方程表示如下：

$$Ba(OH)_2 + CO_2 \longrightarrow BaCO_3 \downarrow + H_2O$$
$$Ba(OH)_2 + H_2C_2O_4 \longrightarrow BaC_2O_4 + 2H_2O$$

（2）仪器测定法　主要是用二氧化碳分析仪测定牛舍内的二氧化碳浓度。先设定测定的间隔时间，将二氧化碳分析仪挂在牛舍中间位置，离地 1.2 m，采集数据。

6. 空气中氨含量测定

（1）纳氏试剂比色法　氨被稀酸液吸收，与纳氏试剂反应生成黄色的络合物。根据络合物颜色深浅比色定量。此法的灵敏度为 $2\,\mu g/10\,mL$。

（2）仪器测定法　在测量过程中，应遵循舍内布点尽量均匀的原则，一般呈网状或"米"字状，每个测量点的读数要有一定重复，数据要真实可靠，记录清楚；各个仪器均附有说明书，第一次使用时和使用过程中，要注意仪器的校正，尽量减小误差。一天中，分别在上午 8：00、下午 2：00、下午 8：00 测量。

一般牛舍内需测量指标包括：空气温度、地面温度、墙壁温度、相对湿度、二氧化碳浓度、氨气浓度、风速、照度及一天中的最高和最低温度；舍外需测量的指标包括：空气温度、湿度、二氧化碳浓度、照度及一天中的最高和最低温度。

二、夏季肉牛舍热应激防控措施

夏季天气酷热，牛极易掉膘，生长缓慢，甚至中暑死亡。所以，盛夏养牛须加强防暑降温，确保肉牛生产、运输安全。

1. 遮光、通风、喷淋　北方地区肉牛圈舍多为半封闭式，其遮光效果较好。牛舍之间绿化栽树或种植藤蔓类植物能遮光。为增加通风性，可在圈舍内安装排风扇，以增加空气流动，降低舍温。还可安装喷淋装置，气温高且干燥时喷淋与风扇同时使用。

2. 调整日粮，适当补充电解质　炎热夏季要适量增加牛日粮养分含量，减少粗纤维的采食量，提高蛋白质和净能量的摄取。牛日粮中蛋白质含量可增加 1%～2%，能量饲料应相对减少，尽可能多喂青绿多汁饲料，以减少热量的消耗。由于牛呼吸和排汗的增加，应适量补充电解质和维生素。

3. 避免高温饲喂，勤喂勤饮水　牛在采食后的 2～3 h 为热能生产的高峰期，因此在饲喂时间上要尽量避免热能生产的高峰期与气温高峰期重叠，应选择一天中温度相对较低的时间段进行饲喂。可以把 60%～70% 的日粮在晚8：00 到第二天早8：00 期间饲喂，尤其粗饲料宜安排在晚8：00、早5：00前进行。同时由 3 次饲喂改为 4 次饲喂，夜间可进行一次补饲。多次饮水时添加 0.5% 食盐。

4. 避免热天分娩，慎防胎衣不下　尽量避免高产牛在夏季分娩，分娩和高温的双重应激会影响母牛和犊牛的健康。一旦发生胎衣不下，可以肌内注射或皮下注射垂体后叶素 50～100 IU，隔 2 h 再注射 1 次催产素 100 IU。也可用中药治疗，如加味生化汤：益母草 90 g，当归 100 g，山楂 60 g，川芎 60 g，黄芪 50 g，桃仁 30 g，党参 50 g，红花 25 g，白术 60 g，益母草 90 g，炙甘草 15 g，温水加红糖煎服。

5. 保持牛舍清洁，消除蚊蝇　要经常打扫、冲刷牛舍，清除粪便，通风换气，定期用清水冲洗牛床，按时用清水冲洗和刷拭牛体、后躯等不洁部位，减少热应激，冲洗牛体时，应安排在饲喂前或喂后 30 min 内进行，不能用水突然冲牛头部，以防牛头部血管强烈收缩而休克。每天中午全舍带牛消毒。牛舍四周加纱门、纱窗，以防蚊蝇叮咬牛体，也可采用 1% 的敌百虫药液喷洒牛舍及周围环境，杀灭蚊蝇等害虫。

6. 早晚运输，中途休息　肉牛运输应避开严寒酷暑。夏季运输肉牛应选择早晚兼程，车顶置防晒网或湿帘，四周通风或装湿帘。长途运输的中途要在树荫处停车休息，提供牛 0.5% 食盐水或含电解质的水溶液，还可少喂些青绿饲料，以防热应激造成损失。

三、牛场的绿化

牛场的绿化不仅美化环境，还能吸收废气、产生氧气、净化空气，改善牛场环境，而且能遮阳降温，调节场区内的温度和湿度，为牛只提供理想的休息空间，同时也能够起到隔离作用，减少外界病原体的传入。

1. 建好隔离带　牛场四周、牛场各功能区之间、每栋牛舍之间都要种植四季常青的乔木、灌木树种，形成自然隔离带。

2. 种植树木　牛舍尤其是无棚运动场周边要种植树干粗、长势旺、枝叶阔的树种，如杨树、法国梧桐等。牛舍和运动场一体的牛舍周围，不宜栽种高大树种，以免影响采光。

3. 道路及场区绿化　道路及场区的绿化应以四季常青的矮树种为主，如桂花、冬青、小叶女贞、黄杨等。

第三节　夏南牛牛场废弃物处理

一、肉牛舍清粪工艺及技术

（一）肉牛舍的清粪工艺

肉牛每头每天产生的粪尿占其体重的 7%～9%，如果不能及时清除，对舍内的空气质量影响很大。清粪工艺有机械清粪、水冲清粪和人工清粪3 种。

1. 机械清粪　采用垫料饲养的牛舍（多为散栏式饲养），垫料与粪尿混合在一起，可用专用清粪车或机动铲车进行清除。这种方式适用于大跨度牛舍（一般在 20 m 左右），清粪时可以保证机械设备的进入。

对于粪尿分离、粪便呈半干状态时，可采用刮粪板设备进行粪便清除。连杆刮板式适用于单列牛床；环形链刮板式适用于双列牛床；双翼形推粪板式适用于舍饲散栏饲养牛舍。

为使粪便与尿液、生产污水分离，便于机械清粪，通常在牛舍中设置污水排出系统。液体经排水系统流入粪水池储存；固形物由机械运至堆粪场。这种排水系统由排尿沟、降口、地下排水管及粪水池组成。

（1）排尿沟　设在牛床后端，要求不透水（牛床应有 1.5%～2.5% 的坡度向排尿沟倾斜），沟的宽度一般为 32～35 cm，明沟深度为 5～8 cm（应考虑采用铁锹放进沟内进行清理），暗沟沟底应有 0.5%～1.5% 的纵向排水坡度。

（2）降口　通常称为水漏，是排尿沟与地下排水管的衔接部分，牛舍降口深度不大于 15 cm。为防止粪草落入堵塞，上面应用铁箅子，与尿沟同高。

（3）地下排水管　与粪水池有 3%～5% 的坡度，便于将降口留下来的尿液及污水导入畜舍外的粪水池中。如果粪水池距牛舍很远，舍外应设检查井，排水管坡度为 0.5%～1.5%。

（4）粪水池　应设在舍外地势较低的地方，距牛舍外不小于 5 m，上面用不透水材料遮盖，大小根据牛的饲养头数，按储存 20～30 d、容积 20～30 m³ 修建。

2. 水冲清粪　这种方式是牛舍采用漏缝地面时应用，这种清粪系统由漏缝地面、粪沟和粪水沟组成。此方式产生的粪污量多，处理成本增加，因此肉牛养殖场不常用。

（1）漏缝地面　固形的粪便被牛踩入沟内，少量残粪用水冲洗。肉牛采用的漏缝地板以混凝土材质居多，板条（10～12 cm）之间的缝隙宽度为 4～4.5 cm，

（2）粪沟　根据漏缝地面的宽度而定，深度为 0.7～0.8 m，倾向粪水池的坡度为 0.5%～1%。

（3）粪水沟　有地下、半地下和地上式 3 种形式，必须防止渗漏。在牛床和通道之间设置粪尿沟。粪尿沟要求不渗漏和壁面光滑，沟宽 30～40 cm，深10～12 cm，纵向排水坡度为 1%～2%。

3. 人工清粪　人工清粪牛舍一般采用铁锹、手推车、笤帚等工具，劳动强度较大，但设备投入低，我国现有的肉牛场多采用此法。

（二）肉牛粪便运输形式及要求

将粪便及时运输到储存地或处理场所，避免在运输过程中因管理不利而对环境造成污染，是肉牛场在管理上应十分重视的环节之一。因此，应遵循减量化的原则，实行"清污分流、粪尿分离"，将固体粪便和液体粪污分别收集、输送，合理地制定粪便输送方案和选择输送设备。粪便根据含水率的多少可划分为固态（含水率＜70%）、半固态（含水率 70%～80%）、半液态（含水率80%～90%）和液态（含水率＞90%）4 种。从牛舍清出的粪便需要运送到贮

存处或处理设备中进行后续处理，输送粪便的设备主要取决于粪便的含水率。

1. 固态和半固态粪便的输送　采用人工干清粪工艺的牛舍，清理的新鲜粪便一般含水率较低，可利用机动车或人力手推车从牛舍输送到贮粪场进行处理。

2. 液态和半液态粪便的输送　一般利用地下管道输送，可保持场区卫生，便于机械化作业。对大型牛场，可采用排污泵将管道中的液体粪污抽送到地下或地上贮粪池中。排污泵有离心式粪泵和螺旋式粪泵两种。

（1）离心式粪泵　一般为主轴式，叶轮为敞开式或半敞开式，在吸口外有切碎刀，有两个出料口。工作时粪泵伸入液态粪中，吸口处的切碎刀可将底部的垫草等残存物切碎，使其随粪泵吸入。离心式粪泵可输送含固形物比例为 10%～12% 的粪便，并具有强烈的搅拌作用，搅拌范围可达 15～22 m。

（2）螺旋式粪泵　由一个垂直搅龙和一个离心泵组合而成，垂直搅龙下有粉碎器和搅拌器，工作时，粪便被螺旋桨式搅拌器搅匀，然后被吸入泵内，由粉碎器将垫草等杂物粉碎，再由垂直搅龙向上输送，最后由离心泵压出。螺旋式粪泵可输送含固形物比例 2%～25% 的粪便，有一定的搅拌作用。

在粪便运输过程中，应满足以下要求：采用人工清粪方式强调及时清除粪便，尽可能缩短在舍内停留的时间；尽量使用密闭清运工具，如管道、粪罐车；尽可能使用地下管道输送液体粪便。

（三）肉牛场粪便储存设施

1. 牛粪储存的具体要求

（1）应设专门的储存设施，位置必须远离各类地表水体，距离不得小于 400 m，并应设在养殖场生产区及生活区常年主导风向的下风向或侧风向处。

（2）储存设施应采取有效的防渗处理工艺，防止粪便污染地下水。

（3）储存设施应设置顶盖，防止降水进入。

粪便储存设施的形式因粪便的含水量而异，固态和半固态粪便可直接运至粪便处理场进行处理，使储存、处理合二为一，不必单独储存。如需要单独储存有固态粪便的牛场，其储存设施包括用于堆粪的水泥地面和堆积墙。堆粪地面向着墙稍稍倾斜，其坡度为 1：50，墙高 1.5 m 左右，墙角有排水沟，粪内液体和雨水可从此处排入粪水池，堆积和取粪可用人工操作，也可借助装载机。

2. 贮粪池类型 液态和半液态粪便一般要先在贮粪池中储存，然后再进行处理，贮粪池有地下贮粪池和地上贮粪池两种形式。

（1）地下贮粪池 在地势较低的地形条件下适合建地下贮粪池。地下贮粪池是一个敞开的结构，侧边坡度为 1：（2～3），为防渗，要用混凝土砌成，池底应在地下水位的 60 cm 以上。如需利用机械清理底层，应设 1：10 的混凝土坡道，以便清理车辆进入。

（2）地上贮粪池 在地势平坦的场区适合建设地上贮粪池。可用砖砌而成，用水泥抹面防渗。通常在贮粪池旁建一个小的贮粪坑，牛排出的粪液由管道输送到贮粪坑，再由排污泵泵入贮粪池。为得到均质的粪便，在贮粪池中还应有搅拌和供排出用的排污泵。

规模化肉牛养殖场宜采用粪尿分离的清粪方式（干清粪）适用于肉牛舍。干清粪工艺不仅使牛粪的含水量减少，便于有机肥的生产利用，同时也最大限度地减少了粪水的污染量，是目前养牛生产中提倡的清粪工艺。尽量不要采用水冲式清粪工艺，避免造成地面卫生状况恶化。

二、牛粪有机肥生产模式

牛粪有机肥生产适合大中型牛场。在牛场内建设有机肥厂，可以实现牛粪的就地收储，就地加工，就地增值，不但避免了二次污染，又能增加牛场收入，是国家推广的牛场粪污处理模式。但要禁止收购其他畜禽养殖场的动物粪便，以免造成疫病传播。

（一）生产工艺

牛粪有机肥生产常采用的是条垛式有氧发酵工艺。第一次发酵夏、秋季需要 8～10 d，冬、春季需要 12～15 d；第二次发酵大垛堆积 1～2 个月。第一次发酵水分控制在 55％左右；然后水分自然蒸发，成品有机肥水分控制在 30％以下。辅料从当地获取，主要有花生壳、锯末等，有时根据需求添加部分酒糟作辅料。

肉牛养殖场产生的牛粪，在圈舍内经牛踩踏及水分自然蒸发后，清理出来的牛粪较新鲜，牛粪水分含量已大大降低，添加少量辅料即可满足有机肥生产的需要。

（二）效益估算

（1）成本概算　1头牛全年可产牛粪 4.5 t，可加工成品有机肥 3 t。2017年，每吨有机肥生产成本（添加辅料成本，菌种成本，设备、固定资产折旧，人员工资等）在 100 元左右，平均销售成本（含运费、杂费、消耗、管理成本等）约 150 元（50～300 元/t），合计每吨有机肥的生产成本为 250 元。

（2）销售价格　牛粪有机肥每吨售价 400～600 元，平均每吨销售收入500 元左右。

（3）利润估算　据成本和销售价格测算，每吨牛粪有机肥的利润为 250元，每头牛所产牛粪加工成有机肥后，年产生利润 750 元，效益十分可观。

第十章
夏南牛开发利用与品牌建设

第一节　夏南牛开发利用现状与科研进展

一、夏南牛种源数量

2017 年，泌阳县出栏 100 头以上的肉牛规模养殖场有 183 个，其中单体存栏规模超过 2 万头的肉牛规模养殖场有 2 个，设计存栏 2.5 万头；年出栏 1 000 头以上的肉牛养殖场 15 个；年出栏 10 头以上的规模养殖户达 4 600 多户，发展夏南牛母牛养殖示范村 100 个，创建国家级肉牛标准化规模养殖示范场 4 个；全县肉牛规模养殖比例已达 40％以上。

二、不同产品开发利用现状

通过河南省、市、县三级业务部门的共同努力，夏南牛已由泌阳县走向全国，目前国内各省、自治区、直辖市均有销售记录，特别是广西壮族自治区来宾市武宣县引进夏南牛数量较大，引种数量超过 2 万头。

1. 种牛及架子牛　据统计，2007—2017 年，泌阳县已向全国提供夏南牛种公牛 320 头，母牛 70 多万头，架子牛 130 多万头，累计产生的经济效益 20 多亿元。夏南牛已成为泌阳县乃至河南省的新名片。

2. 冷冻精液　夏南牛冷冻精液主要销往东北、西南及河南周边各省、市，其中以河南、山东、安徽、湖北、广西、辽宁推广较多。2007—2017 年，累计销售夏南牛冻精 686.9 万剂。

3. 热屠宰牛肉　热鲜肉在市场上占有的比例较大，此种肉的缺点是动物宰杀后肉温高，不可能包装，裸肉摊售，易成为细菌的温床，污染肉源，且该

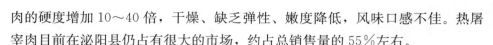

肉的硬度增加 10～40 倍，干燥、缺乏弹性、嫩度降低，风味口感不佳。热屠宰肉目前在泌阳县仍占有很大的市场，约占总销售量的 55% 左右。

4. 冷冻牛肉　冷冻肉通常是把肉在 −18℃ 以下冷冻，食用时再解冻，在这个过程中会造成肉中细胞的破裂和水分的流失，影响肉的口味。冷冻牛肉占市场销售量的 35% 左右。由于本地冷冻牛肉的销售价格高于进口冷冻牛肉，所以夏南牛冷冻牛肉的市场销售份额不大。

5. 冰鲜肉（排酸牛肉）　排酸肉又称冷鲜肉，是指严格执行兽医检疫制度，对屠宰后的牛胴体迅速进行冷却处理，使胴体温度（以后腿肉中心为测量点）在 24 h 内降为 0～4℃，并在后续加工、流通和销售过程中始终保持在 0～4℃ 的生鲜肉。排酸牛肉占市场销售量的 10% 左右。

6. 深加工产品　牛肉深加工产品主要有卤制牛肉、真空包装牛肉、五香酱牛肉、牛肉干、牛肉火腿肠、牛肉水饺、牛肉混沌、酱牛腱等系列产品共 100 多个品种。在北京、河南、山东、云南等很多地区有固定销售渠道。

三、科技研发进展

夏南牛的科技研发进展突出表现在生产技术研发上，主要成果如下：

1. 生产技术集成

（1）种牛选育和高效利用技术集成，包括人工授精、冻精制作、种公牛选育、种公牛高效利用等技术。

（2）农作物秸秆综合开发利用技术集成，包括粗饲料加工调制，秸秆青贮、氨化、微贮等技术。

（3）夏南牛标准化饲养管理技术集成，包括夏南牛各阶段营养需求技术指标、推荐的均衡日粮饲养配方、生产管理技术规范等技术。

（4）提高母牛生产能力技术集成，包括夏南牛母牛诱导发情、提前妊娠、一年一胎、一胎双犊、隐性子宫内膜炎诊疗等技术。

（5）优质犊牛培育技术集成，包括夏南牛选种选配、空怀母牛体况控制、怀孕及哺乳期母牛配合饲料饲喂、适时断奶、犊牛补饲、科学管理等技术。

（6）夏南牛育肥技术集成，包括低精饲料日粮配方、直线育肥、短期快速育肥、高档肉牛育肥等技术。

2. 品种选育提高　泌阳县对夏南牛开展了连续 10 年的选育提高，效果显著。对平均年龄为 18.6 月龄的夏南牛育肥公牛的屠宰试验表明：2017 年与

2006 年相比，夏南牛育肥公牛的屠宰率提高了 2 个百分点，净肉率提高了 3 个百分点。

3. 高档牛肉研究

（1）明确夏南牛生产高档牛肉的能力　2014—2018 年，泌阳县通过实施河南省重大科技专项"夏南牛高档牛肉研究开发与推广"，开展了夏南牛生产优质高档牛肉生产性能的研究，探索、总结出夏南牛生产优质高档牛肉的饲养管理、屠宰分割技术，制定出《夏南牛高档牛肉生产技术规范》。

在国家肉牛牦牛产业技术体系和河南省科技厅的支持下，泌阳县开展了 3 个批次 60 余头夏南牛去势公牛的育肥和屠宰试验。从 2 批 56 头去势夏南牛育肥牛的屠宰分割、肉质分析试验结果看，21 月龄去势夏南牛可以生产出优质的西餐红肉，30 月龄去势夏南牛可以生产出达到日本牛肉分级标准 A3 级以上产品。据中国农业科学院北京畜牧兽医研究所出具的夏南牛胴体及品质评价报告表明，夏南牛已完全可以生产高档牛肉。

（2）研究出夏南牛高档肉重预测模型　研究夏南牛背膘厚、眼肌面积等数据与屠宰率、净肉率之间的相关性，用 Stata 软件分析 258 头夏南牛的各项数据，得到预测模型。

公牛：高档肉重＝7.308 145＋0.055 328 9×眼肌面积＋0.033 528 1×体重

母牛：高档肉重＝3.647 763＋0.074 563 3×眼肌面积＋0.035 574 9×体重

第二节　夏南牛产品开发与市场推广

一、产品开发

2018 年，夏南牛产业园在泌阳县建成，成为集产品开发、精深加工、电子商务为一体的特色产业园区。该产业园包括 2 条年屠宰 30 万头肉牛的屠宰分割生产线、17 000 m² 熟食加工生产线、6 000 m² 牛血生物深加工生产线和 50 000 t 冷库等项目。夏南牛的新产品将不断问世。

（一）牛肉产品

1. 冷鲜牛肉　向精细化分割、产品多样化方向发展。开发不同等级、不同规格、不同烹饪方法的系列产品，生产有区域性、民族性、文化性的特色产品，满足人们对更高效、更便捷、更安全产品的需要。

（1）生产开发夏南牛牛肉原切产品，如原切牛排、原切牛肉片、原切牛肉块等。

（2）契合"一带一路"合作倡议，开发清真食品，拓展国内外市场。

（3）生产开发货架期长的牛肉产品。

2. 牛肉初加工　生产开发便捷、易储存、易加工的系列产品，适合速食需求。

3. 牛肉深加工　研究开发特色风味牛肉、牛肉休闲系列产品。

（1）特色牛肉　如酱香牛肉、五香牛肉、清真牛肉、灯影牛肉、高温熏煮肉制品等。

（2）牛肉休闲产品　如即食型、清真型，不同风味、不同包装的牛肉干、牛肉粒、牛肉块等系列产品

（3）牛肉加工产品　如牛肉肠、牛肉水饺、牛肉馄饨等系列产品。

（二）牛副产品

1. 牛血加工　牛血经精深加工可生产蛋白粉，开发生产超氧化物歧化酶、血红素等产品。

2. 牛骨加工　牛骨可以开发即食骨汤、畜骨乳液饮料、即食骨泥、黑米骨泥饼干等食品，可用于生产营养强化剂，如多肽骨粉、离子化钙、纳米级牛骨粉等；还可以从牛骨中提取牛骨食用蛋白、骨胶原蛋白及动物明胶。

3. 牛内脏加工　牛各内脏具有不同的特点，利用牛脏器为原料可加工预制很多不同类型的食品，如生鲜类食品，汤料类食品（即冲即食牛杂汤料、方便全牛杂），腌腊类食品（腊牛心、腊牛肝等）；也可利用牛脏器生产熟食品，如酱卤制品（酱牛心、酱牛肚等），酱制品（冷食肝酱、牛肝酱等），熏烤制品（烤牛肚、烤牛舌等），肠制品（牛肚盐水火腿、牛筋香肠等），干制品（复合牛肝、牛蹄筋、灯影牛舌等）；

开发生产清真食品市场广阔，可开发清真牛杂碎、藏式血肠、血豆腐、发酵调味品等特色风味熟肉食品，加工成各种休闲、方便和营养保健食品。

牛脏器在生化制剂中也有广泛的应用，可利用牛脏器开发多种生化制品。

二、市场推广

1. 扩大线上销售　牛肉生产加工企业与京东、天猫电商平台紧密合作，突破冷鲜牛肉网上销售瓶颈，打造夏南牛牛肉销售的主要渠道。2018 年，牛肉加工产品在京东实现网上销售 3.5 亿元。

2. 发展餐饮连锁　牛肉生产加工企业与全国大型餐饮企业合作，以夏南牛牛肉为主打品牌，开发全牛宴等；建立餐饮连锁企业，首先布局华东、华南大中城市，其次扩展西南市场，最后进军北京等北方城市，迅速在全国推进。

3. 开发特色产品　夏南牛牛肉肉质鲜嫩多汁、口感好，市场销售应以冷鲜肉为主，特别是大中型城市的商超、直营店更要以冷鲜肉为主打品牌，以便与国外进口的冷冻牛肉相抗衡。产品主攻原切冷鲜肉、中高端牛肉、休闲系列产品。

4. 加大品牌宣传力度　拓展宣传思路，拓宽宣传渠道，不断创新宣传方式，针对不同的消费群体，采取不同的宣传路径，提高宣传的针对性和精准性，提高宣传效率。

第三节　夏南牛品种资源开发
利用前景与品牌建设

一、资源特性的开发利用

1. 保持品种的优良特性

（1）加强原产地保护，积极申报国家地理标志产品。

（2）强化本品种的选种选育，不断提高其生产性能。

（3）加快建立夏南牛纯种扩繁基地，在适宜夏南牛生活的地区建立纯种繁育基地。

2. 加快新品系培育　2008 年起泌阳县开展的夏南牛无角新品系培育，已取得阶段性成果。目前，已选育新品系种公牛 14 头，核心群母牛 260 余头，登记建卡基础母牛 6 000 余头；已开展了新品系的普查、良种登记、相关试验，正在整理培育资料和科研试验数据，计划 2020 年申请"夏南牛新品系"审定。

3. 全产业链开发利用

（1）科学规划　泌阳县着力打造总部在泌阳，基地在全球，产品销全球，集种群扩繁、规模养殖、科研、活牛屠宰、产品加工、电子及期货交易、商贸物流为一体，全产业链同步推进、协调发展，产值超过百亿的国内最大的肉牛产业化集群，进而建成国内最大的牛肉产品中央厨房和商贸物流中心。力争2020年产值达到300亿元以上。

（2）技术的深度研发　重点是对夏南牛各阶段营养需求的研究，制定不同生长阶段的营养标准，开展优质犊牛及后备母牛培育技术研究及母牛繁殖障碍、犊牛腹泻等疾病防控技术的研究。

二、夏南牛品牌建设

（一）增强市场竞争力

1. 提升产品质量　建立和完善企业质量标准体系，并严格执行相关标准；引入先进的经营管理理念，提升企业管理水平；严把质量关，树立质量就是企业生命的风险意识。

2. 知名品牌创建　积极申请以夏南牛系列产品为内容的商标，打造知名品牌。2018年，"恒都牛肉"被国家工商行政管理总局认定为"驰名商标"。

3. 不断研发新产品　主要开发旅游休闲食品和高档肉类食品，满足不同层次、不同消费群体的需求。

4. 拉伸产业链条，提高产品附加值　一是牛血及牛副产品的精深加工，提高产品增值空间；二是牛皮的食用产品开发，提高牛皮价值；三是牛肉熟食系列产品的研发；四是冷鲜肉的精细分割、包装、保存及加工等。

（二）宣传推广

1. 媒体宣传　通过中央和地方电视台及《农民日报》《经济日报》《中国畜牧报》等电视和新闻媒体，对夏南牛进行广泛宣传；在泌阳县召开3次夏南牛牛肉品鉴会，进行宣传推广。

2. 举办论坛和比赛　泌阳县政府与中国畜牧业协会合作，先后在泌阳县、郑州市召开4次夏南牛高层论坛及2次赛牛大会（图10-1），在持续开展夏南牛活体展示的同时，又创新开展了牛肉加工产品展示和免费品尝活动。

图 10 - 1　夏南牛比赛大会

3. 高铁冠名宣传　泌阳县夏南牛科技开发有限公司与河南恒都食品有限公司投资 3 150 万元，与华铁传媒、永达传媒签约实施"夏南牛号"高铁列车内全冠名广告宣传项目，对夏南牛和恒都牛肉品牌进行了为期一年、全方位、多角度的宣传推介（图 10 - 2）。

图 10 - 2　"夏南牛号"高铁列车

参 考 文 献

柏中林，李静，孙秀玉，等，2016. 夏南牛体温心跳呼吸生理指标测量试验研究 [J]. 中国牛业科学，42（5）：11-22.

吉进卿，陈涛，2008. 养肉牛 [M]. 郑州：中原农民出版社.

林凤鹏，祁兴磊，屈卫东，2009. 不同体重的夏南牛育肥效果试验研究 [J]. 中国牛业科学（5）：31-32.

刘道杨，付戴波，等，2013. 11～12 月龄夏南牛蛋白质需要量研究 [J]. 江西农业大学学报，35（5）：1019-1023.

刘道杨，付戴波，瞿明仁，等，2013. 11～12 月龄夏南牛能量代谢规律与需要量研究 [J]. 江西农业大学学报，35（4）：802-806.

罗晓瑜，刘长春，2013. 肉牛养殖主推技术 [M]. 北京：中国农业科学技术出版社.

祁兴磊，李鹏飞，等，2008. 去势夏南牛公牛肉用性能及肉质分析报告 [J]. 中国牛业科学（5）：8-16.

祁兴磊，李鹏飞，等，2008. 夏南牛新品种培育技术研究 [J]. 中国牛业科学（5）：16-23.

祁兴磊，赵太宽，等，2012. 夏南牛肉用性能的屠宰试验报告 [J]. 中国牛业科学，38（3）：46-50.

祁兴磊，赵太宽，等，2015. 去势夏南牛公牛肉用性能及肉质分析报告 [J]. 中国牛业科学，41（6）：6-10；18.

祁兴磊，赵太宽，等，2015. 夏南牛高档牛肉屠宰试验报告 [J]. 中国牛业科学，41（6）：40-53.

王之保，柏中林，张成峰，等，2017. 夏南牛泌乳性能试验研究 [J]. 中国牛业科学，43（4）：16-20.

魏成斌，闫祥洲，施巧婷，2008. 牛养殖技术精编 [M]. 郑州：中原农民出版社.

徐照学，兰亚莉，2005. 肉牛饲养实用技术手册 [M]. 上海：上海科学技术出版社.

曾璐岚，郝新兴，祁兴磊，2017. 夏南牛无角性状的分子鉴定技术及应用 [J]. 中国牛业科学，43（4）：27-29；33.

张勇，朱宇旌，2008. 饲料与饲料添加剂 [M]. 北京：化学工业出版社.

朱广祥，1995. 现代肉牛饲养技术 [M]. 北京：中国农业科学技术出版社.

附　　录

《夏南牛》
（GB/T 29390—2012）

1　范围

本标准规定了夏南牛的品种特征特性、生产性能、综合评定与良种登记的基本要求。

本标准适用于夏南牛的品种鉴别和等级评定。

2　规范性引用文件

下列文件对于本文件的应用是必不可少的。凡是注日期的引用文件，仅所注日期的版本适用于本文件。凡是不注日期的引用文件，其最新版本（包括所有的修改单）适用于本文件。

GB/T 2415—2008　南阳牛

GB 4143　牛冷冻精液

3　术语和定义

下列术语和定义适用于本文件。

3.1　眼肌面积　eye muscle area
左侧冷胴体第 12～13 肋骨间背最长肌的横截面积。

3.2　冷胴体　chilled　carcass
在 0～4℃条件下，冷却排酸 48h 后的胴体。

4　品种特征特性

夏南牛被毛呈黄色，以浅黄色、米黄色为主。公牛头方正，额平直，成年公牛额部有卷毛，母牛头部清秀，额平稍长；有角，公牛角呈锥状，水平向两侧延伸，母牛角细圆，致密光滑，多向前倾；耳中等大小；鼻镜以肉色为主；颈粗壮、平直，肩峰不明显；结构匀称，胸深而宽、肋圆，背腰平直，肌肉丰满，尻部宽长，后躯肌肉发达，体躯呈长方形；四肢粗壮，强劲有力，蹄质坚实，蹄壳多呈肉色；尾细长。

夏南牛体质健壮，性情温顺。耐粗饲，抗逆性强。生长发育快，肉用性能好。

夏南牛公牛、母牛外貌特征参见附件 A。

5 生产性能

5.1 生长发育

5.1.1 中等营养条件下，6 月龄公犊体重 195 kg 以上，母犊体重 190 kg 以上；12 月龄公牛体重 300 kg 以上，母牛体重 280 kg 以上；48 月龄公牛体重 800 kg 以上，母牛体重 530 kg 以上。

5.1.2 公母牛各年龄段体尺下限值见附件 B 中的表 B.2，测量方法见 GB/T 2415—2008 中的附件 B。

5.2 肉用性能

5.2.1 6 月龄断奶后舍饲 180 d 的青年公牛平均日增重 1 100 g 以上，母牛平均日增重 800 g 以上；体重 400 kg 的公牛，90 d 育肥期内平均日增重 1 500 g 以上。

5.2.2 中等营养条件下，18 月龄公牛，屠宰率 56%～62%，净肉率 46%～50%，眼肌面积 80～100 cm²。

5.3 繁殖性能

5.3.1 母牛初配时间平均为 493 d，发情周期平均为 19.6 d，妊娠期平均为 286 d，繁殖成活率平均为 82%，难产率低于 5%，犊牛初生重平均为 37.7 kg。

5.3.2 公牛 12 月龄性成熟，18 月龄开始采精，种公牛精液质量符合 GB 4143 要求。

6 种牛等级评定

6.1 时间

公牛在 12 月龄以上，母牛在 18 月龄以上进行鉴定。

6.2 外貌

6.2.1 凡外貌特征不符合第 4 章规定者，种公牛不予鉴定，母牛不予良种登记。对基本符合外貌特征的，可根据表现程度，适当扣分。

6.2.2　凡具有狭胸、垂腹、凹腰、尖尻、靠膝等缺陷之一，且表现严重者，按等外淘汰。

6.2.3　体质外貌评分按附件 B 中表 B.1 执行。

6.3　体重

体重测定应进行实际称重（早晨饲喂前空腹称重），取两次称重的平均值。体重等级评定按附件 B 中表 B.3 执行。

6.4　种牛等级综合评定

6.4.1　种牛等级综合评定按附件 B 中表 B.4 执行。

6.4.2　进行综合评定时，24 月龄前应参考其父母等级，如父、母双方总评等级均高于自身总评等级，可将其总评等级提高一级。24 月龄后按自身评定等级。

7　良种登记的条件

良种登记的种牛应符合下列条件：

a）三代系谱清楚；

b）自身综合评定二级（含二级）以上；

c）其父、母等级综合评定均在二级（含二级）以上。

附件 A（资料性附录）

夏南牛照片

图 A.1　夏南牛公牛侧面照

图 A.2　夏南牛公牛头部照

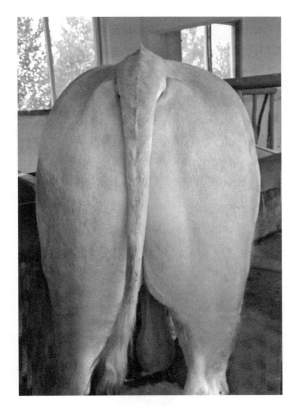

图 A.3　夏南牛公牛尾部照

图 A.4　夏南牛母牛侧面照

图 A.5 夏南牛母牛头部照

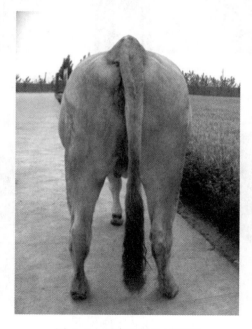

图 A.6 夏南牛母牛尾部照

附件 B（规范性附录）

附件 B　夏南牛等级评定

表 B.1　夏南牛体质外貌评分表

单位：分

项目		满分标准	公牛		母牛	
			满分	评分	满分	评分
品种特征		被毛色呈黄色，肉用体型明显。公牛角呈锥状，水平向两侧延伸，母牛角细圆，致密光滑，向前倾	10		10	
整体结构		成年牛结构匀称，体躯呈长方形，肌肉丰满	15		15	
头与颈	头	公牛头方正，额平直，母牛头部清秀、稍长	3		3	
	颈	公牛颈粗壮，母牛颈长适中	2		2	
前躯	鬐甲	鬐甲宽厚、肩峰不明显	6		6	
	胸	胸深而宽	10		9	
中躯	背腰	背腰平直、宽广，结合良好	14		12	
	肋骨	肋圆不外露	5		5	
后躯	尻尾	长、宽、平、直，肌肉丰满	13		12	
	腿	飞节与坐骨结节在一条垂线上，后腿围大，大腿肌肉发达	8		8	
	生殖器	公牛睾丸发育正常，母牛乳房发育良好，乳头整齐	4		8	
四肢	肢势	四肢强健有力，肢势良好	5		5	
	蹄	蹄大致密，蹄质坚实	5		5	
合计			100		100	

表 B.2 夏南牛体尺表

单位：cm

月龄	公牛					母牛				
	体高	体斜长	胸围	管围	后腿围	体高	体斜长	胸围	管围	后腿围
12	≥117	≥130	≥152	≥16	≥87	≥118	≥132	≥147	≥14.5	≥80
18	≥130	≥140	≥174	≥17	≥103	≥125	≥136	≥166	≥15.5	≥92
24	≥138	≥153	≥192	≥18	≥114	≥127	≥146	≥172	≥16.5	≥100
36	≥143	≥164	≥214	≥20	≥132	≥130	≥152	≥182	≥18.5	≥112
48	≥146	≥169	≥220	≥21.8	≥136	≥131	≥157	≥185	≥19.4	≥116

表 B.3 夏南牛体重等级评定表

单位：kg

性别		公牛			母牛		
等级		特	一	二	特	一	二
年龄	12 月龄	≥350	≥320	≥290			
	18 月龄	≥470	≥430	≥410	≥420	≥390	≥360
	24 月龄	≥630	≥590	≥550	≥480	≥450	≥420
	36 月龄	≥820	≥780	≥730	≥560	≥520	≥490
	48 月龄	≥900	≥860	≥800	≥620	≥560	≥520

表 B.4 夏南牛种牛等级综合评定表

体重等级	外貌得分		
	≥85	≥80	≥75
特	特	特	一
一	一	一	二
二	二	二	二